2024
NUMBER
SEARCH
PUZZLE BOOK
LARGE PRINT

Over 40,000 Number strings.

Improve your focus, working memory, attention span and cognitive skills

CONTENTS

Thank You!!!

We're overjoyed that you've chosen our book to embark on a delightful journey of solving puzzles. Crafting this book has been a labor of love, and we sincerely hope it brings you as much joy in solving the puzzles as we had in creating them just for you.

Your satisfaction means the world to us, and we're eager to hear about your experience. If our book brought a smile to your face, could you do us a kindness? We'd be immensely grateful if you could take a moment to share your thoughts through an honest review. As a small independent publisher, every review holds tremendous value and helps us grow.

Your opinion matters, and we genuinely appreciate your support. Thank you for being a part of our community and for choosing our book. Happy puzzling!

Thank You!!

THANK YOU!!!

Numbers are an amazing part of reality and existence that often wows the inquisitive mind. Dive into the world of number search puzzles that helps to improve your attention span, focus, mental prowess and at the same time entertain and challenge yourself.

This number search puzzle is formatted with high quality and carefully created to provide the best possible and delightful experience. It contains detailed puzzles with over 4000 number searches and more than 40 thousand strings of numbers to find.

Number puzzle can also help you increase your cognitive prowess, short term memory and relieve stress. It is also suitable for any age range, either as a child, teen, adult or senior.

The numbers in this puzzle can be found in the following directions: LEFT, DOWNWARD, and DIAGONALLY.

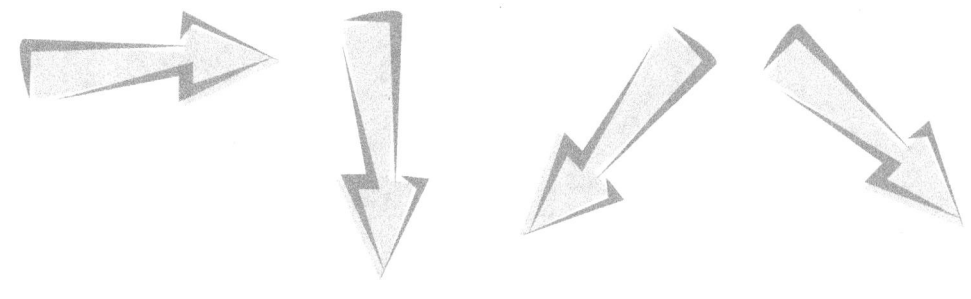

NUMBER PUZZLE #1

1021
10212
210314
3210445
76889912
110223414
3155223123
36195028951
123518592419
2991351359880
1310
14012
200353
3901894
70193894

```
9 8 6 7 1 0 7 6 8 8 9 9 1 2 8
3 7 7 0 1 9 3 8 9 4 1 0 0 8 7
9 5 5 0 3 6 1 9 5 0 2 8 9 5 1
7 6 8 1 8 7 9 2 1 5 1 6 2 3 3
1 2 0 0 3 5 3 6 2 1 0 3 1 4 2
3 5 9 6 4 3 1 7 2 3 2 8 9 9 4
9 2 0 1 2 3 5 1 8 5 9 2 4 1 9
0 9 6 7 4 6 2 4 5 9 3 4 6 6 5
1 1 9 1 1 0 2 2 3 4 1 4 0 1 1
8 2 9 9 1 3 5 1 3 5 9 8 8 0 4
9 9 2 3 2 1 0 4 4 5 0 5 1 5 0
4 2 1 2 9 3 8 7 0 8 9 0 3 8 1
1 0 9 3 4 3 1 9 3 6 2 3 5 0 2
1 0 2 1 2 0 8 1 2 1 8 1 8 1 3
3 4 8 3 1 5 5 2 2 3 1 2 3 3 3
```

NUMBER PUZZLE #2

```
4 3 5 0 0 2 3 7 6 3 2 0 8 3 1
8 1 9 0 3 9 2 8 3 4 0 2 5 7 6
4 0 1 2 5 2 6 6 2 0 5 0 8 3 1
5 1 9 9 1 5 6 4 2 8 1 1 4 7 6
9 0 2 0 6 2 7 3 1 9 2 4 2 9 9
7 4 9 5 1 7 1 5 3 3 4 3 3 7 1
2 5 1 7 9 6 9 8 6 0 7 6 0 6 0
8 9 4 9 5 9 9 8 0 9 2 1 1 5 3
7 3 5 5 9 9 2 8 9 7 0 8 4 3 8
0 3 4 6 0 3 4 7 1 6 1 5 8 5 0
2 4 8 1 2 0 0 8 3 9 1 5 6 6 0
4 3 9 1 0 5 4 3 6 9 4 3 7 4 1
7 4 8 5 1 6 3 4 9 7 8 7 6 0 9
1 4 8 4 1 0 8 3 9 4 9 5 9 9 8
5 2 1 4 6 8 9 0 0 7 9 7 7 2 9
```

1599
17812
190392
4593343
63497876
291454898
4440084005
45972870247
214689007977
4012526620508
200839156
3797653564
41083949599
169103800198
3501938990194

NUMBER PUZZLE #3

1888
21612
180431
5284792
56801858
382070640
5082514446
50861790895
260274215756
4523114250822
2177
25412
170470
5976241
50105840

```
2 1 7 7 1 1 5 7 4 0 8 3 9 6 4
8 8 7 9 4 2 1 6 1 2 8 5 8 5 9
0 0 8 3 0 6 7 8 9 1 2 5 2 7 4
5 4 4 5 2 3 1 1 4 2 5 0 8 2 2
0 3 5 8 4 2 5 4 1 2 5 7 6 9 5
8 1 0 6 3 5 2 8 4 7 9 2 2 7 9
6 5 8 3 8 1 8 8 8 3 9 9 8 8 7
1 5 2 6 2 3 7 4 1 7 0 4 7 0 6
7 3 5 0 0 3 3 7 6 2 7 6 5 7 2
9 0 1 0 7 5 0 1 0 5 8 4 0 8 4
0 5 4 8 0 1 4 6 9 7 7 0 3 5 1
8 0 4 2 6 0 2 7 4 2 1 5 7 5 6
9 3 4 2 4 8 0 8 7 4 2 2 1 9 7
5 1 6 4 0 7 2 5 6 8 0 1 8 5 8
0 9 9 0 3 6 9 2 2 5 4 1 1 7 9
```

NUMBER PUZZLE #4

```
4 5 5 7 5 0 7 1 1 5 4 3 9 8 6
8 6 7 0 7 9 6 1 2 1 2 5 4 0 4
5 0 3 3 7 0 1 8 8 1 1 3 6 6 6
1 8 3 2 7 8 0 5 4 4 5 3 3 3 5
4 0 3 2 4 6 6 1 7 6 9 0 0 6 6
3 4 2 2 9 2 1 2 2 6 5 2 6 7 5
4 3 1 4 8 6 6 8 3 8 3 6 5 3 7
0 2 0 5 6 8 4 2 5 1 6 4 9 7 2
9 9 2 8 6 8 1 9 5 7 1 8 1 5 4
8 2 5 3 7 9 4 1 6 0 5 0 9 3 9
2 1 8 0 1 2 4 9 7 4 7 0 6 2 4
2 2 4 1 3 7 0 8 7 2 7 1 3 8 4
4 6 3 5 1 4 4 4 6 3 1 3 1 4 8
4 7 3 0 6 5 6 3 3 0 2 1 2 4 8
5 5 4 4 2 8 9 5 1 1 4 5 0 1 7
```

2466
29212
160509
6667690
43409822
563302124
6367375328
60639632191
351444631314
5544289511450
472686382
5724944887
55750711543
305859423535
5033701881136

NUMBER PUZZLE #5

2755
33012
150548
7359139
36713804
653917866
7009805769
65528552839
397029839093
6054877141764
3044
36812
140587
8050588
30017786

```
3 3 0 1 2 3 6 6 5 4 7 5 0 0 5
2 3 4 0 1 6 0 9 4 4 6 6 5 3 6
7 0 0 4 4 7 5 6 7 2 6 8 1 9 6
3 4 3 1 0 1 4 7 7 6 6 9 2 7 2
6 4 5 8 5 3 8 5 6 1 8 5 9 0 6
8 6 4 5 8 8 7 4 5 0 0 6 1 2 6
1 5 3 0 7 0 7 4 5 9 5 5 7 9 9
2 8 3 0 3 4 1 1 2 5 0 3 6 8 2
5 7 6 8 0 1 4 3 8 1 5 9 0 3 7
8 3 5 6 1 1 1 4 5 0 8 1 6 9 5
5 5 6 4 5 6 7 7 5 9 8 7 6 0 5
6 9 0 3 0 0 6 7 2 1 7 8 5 9 9
7 1 5 4 5 2 4 5 8 8 3 6 5 3 0
4 3 5 8 4 8 9 1 3 6 2 6 9 6 0
2 9 9 4 8 7 0 0 9 8 0 5 7 6 9
```

NUMBER PUZZLE #6

```
2 4 2 4 7 6 7 2 3 3 2 1 7 6 8
7 4 5 8 4 0 3 5 2 2 1 1 9 2 7
8 2 8 8 4 1 4 6 6 3 4 9 4 0 6
2 6 3 2 5 4 7 1 0 1 9 7 7 2 5
9 1 5 0 3 8 4 6 7 8 3 6 2 9 6
4 5 1 0 3 0 2 2 5 4 0 8 3 2 5
6 0 4 2 6 6 6 2 9 5 7 3 7 1 4
6 4 9 5 0 1 3 6 2 4 3 3 8 3 6
6 6 3 4 8 7 5 4 2 3 1 4 4 6 4
6 8 5 6 4 0 0 0 7 1 0 2 3 8 7
5 7 0 5 4 2 3 7 1 6 6 3 6 8 7
1 2 5 1 3 7 5 4 1 9 9 5 6 4 2
1 8 2 9 7 6 5 2 2 3 6 2 1 0 0
2 3 2 2 2 5 8 5 8 4 5 9 9 0 7
0 1 7 5 3 0 6 3 9 4 1 3 5 0 8
```

3333
40612
130626
8742037
23321768
835149350
8294666651
75306394135
488200254651
7076052402392
744533608
7652236210
70417473487
442615046872
6565464772078

NUMBER PUZZLE #7

3622
44412
120665
9433486
16625750
925765092
8937097092
80195314783
533785462430
7586640032706
3911
48212
110704
8935321
20183958

```
8 6 9 1 4 8 2 1 2 1 9 3 8 1 6
9 7 5 8 6 6 4 0 0 3 2 7 0 6 0
3 4 3 3 9 1 8 7 8 0 5 6 1 0 8
5 0 3 6 2 2 0 0 9 5 7 1 1 1 3
3 7 0 8 1 2 1 4 3 1 6 1 1 8 4
2 0 3 6 8 3 9 9 7 2 5 6 0 1 4
1 8 4 5 2 1 5 4 0 7 0 6 7 8 5
3 9 1 1 0 8 3 3 9 7 9 2 0 3 7
4 1 3 5 0 1 1 3 7 0 2 5 4 2 4
3 7 1 0 2 6 4 4 0 1 0 7 9 8 4
7 0 4 0 5 3 7 8 9 3 0 5 5 9 4
7 4 6 2 3 1 8 6 2 1 0 0 1 5 1
6 6 9 8 4 4 3 5 1 9 9 1 7 3 2
5 0 8 2 0 1 8 3 9 5 8 7 1 9 5
6 5 3 3 7 8 5 4 6 2 4 3 0 7 4
```

NUMBER PUZZLE #8

```
9 8 0 9 7 2 2 7 6 6 3 0 2 0 4
7 8 1 8 9 3 2 7 8 7 8 4 3 5 2
1 8 4 3 7 1 5 6 9 5 4 6 7 4 0
6 2 6 2 4 9 5 5 8 7 7 9 8 8 0
8 6 0 7 8 1 5 2 9 3 3 3 4 0 2
1 2 5 4 4 5 9 4 5 7 1 8 9 8 9
8 6 2 0 8 0 5 2 0 6 0 4 0 5 5
0 1 0 6 2 3 9 6 7 4 0 0 2 3 7
5 3 1 1 2 9 7 5 2 1 7 2 8 8 9
6 5 2 0 7 0 8 0 2 4 4 7 6 2 5
2 3 7 4 2 1 6 6 7 1 3 9 8 9 2
4 9 9 0 6 8 5 3 2 2 1 2 6 1 7
9 3 9 8 5 1 6 5 0 3 5 3 1 8 5
8 9 9 7 3 1 5 6 0 7 9 5 1 5 3
2 5 8 5 0 8 4 2 3 5 4 3 1 3 3
```

4200
52012
100743
8437156
23742166
781893278
9068532212
89973156079
624955877988
8607815293334
853829185
9579527533
85084235431
579370670209
8097227663020

NUMBER PUZZLE #9

4489
55812
198355
7938991
27300374
709957371
8557536891
94862076727
670541085767
9118402923648
4778
59612
295967
7440826
30858582

```
7 0 9 9 5 7 3 7 1 4 6 9 2 0 2
3 7 9 3 0 8 5 8 5 8 2 1 7 1 7
7 4 7 7 8 3 5 2 7 8 2 1 1 9 8
6 5 6 9 5 2 7 9 9 7 9 8 2 0 0
6 5 7 9 9 9 3 9 4 2 1 4 0 0 2
1 2 0 3 4 8 6 4 4 9 5 0 7 6 2
4 9 5 8 9 4 0 1 8 6 5 2 9 5 7
6 7 4 9 9 8 8 3 2 5 8 9 3 7 3
2 1 1 4 2 0 5 9 1 1 1 2 1 2 0
2 3 0 6 1 5 4 9 0 4 2 3 7 1 0
9 4 8 6 2 0 7 6 7 2 7 6 2 2 3
5 2 5 9 7 6 0 0 8 5 4 4 3 7 7
9 5 7 1 8 5 5 7 5 3 6 8 9 1 4
6 1 6 0 6 8 0 8 8 1 7 5 5 4 6
7 2 7 1 1 8 1 3 6 4 8 4 9 7 9
```

NUMBER PUZZLE #10

```
6 5 4 5 6 6 0 8 5 5 5 7 6 9 2      5067
8 7 5 9 8 6 8 3 1 6 5 7 5 8 7      63412
9 2 6 7 9 3 9 7 8 3 3 1 0 3 1      393579
6 4 3 1 2 7 3 4 5 8 0 7 6 1 6      6942661
2 1 8 6 7 0 5 5 2 3 7 3 7 3 1      34416790
8 4 0 2 1 1 4 0 8 6 4 5 9 3 2      566085557
9 0 0 8 4 6 1 1 9 1 6 3 0 8 6      7535546249
9 3 7 3 2 3 0 5 2 9 5 1 7 2 2      95103810193
0 2 9 4 0 1 1 0 0 7 7 1 3 4 9      761711501325
5 5 9 9 9 4 7 6 9 1 7 3 1 1 3      9000219838195
5 7 7 3 8 2 4 7 6 9 3 2 7 1 5      638021464
3 4 3 4 4 1 6 7 9 0 7 2 3 5 4      8046541570
9 0 0 0 2 1 9 8 3 8 1 9 5 8 6      99750997375
6 7 8 0 4 6 5 4 1 5 7 0 0 5 1      716126293546
2 8 9 7 1 6 3 8 0 2 1 4 6 4 9      9628990553962
```

NUMBER PUZZLE #11

5356
67212
491191
6444496
37974998
494149650
7024550928
90456623011
807296709104
8371449122428
5934
74812
686415
5448166
45091414

```
1 6 1 0 4 0 7 0 0 5 0 8 2 7 5
2 9 7 0 1 8 3 0 5 6 0 5 4 5 9
8 1 4 2 2 5 3 0 1 7 4 8 7 3 3
5 7 9 3 1 2 1 1 2 4 1 6 4 5 4
4 8 1 7 8 2 8 9 8 2 5 3 6 6 4
5 5 1 9 4 9 6 1 6 1 1 8 9 6 5
0 9 9 7 5 7 6 2 6 4 4 4 4 9 6
9 1 1 4 0 6 4 9 4 1 4 9 6 5 0
1 4 0 9 7 0 2 4 5 5 0 9 2 8 2
4 6 1 9 3 4 7 9 4 1 8 2 5 0 8
1 0 4 8 5 2 3 7 6 9 9 8 1 8 0
4 9 8 3 7 1 4 4 9 1 2 2 4 2 8
8 8 6 2 8 2 6 7 4 5 4 3 9 4 0
5 0 2 6 8 6 4 1 5 6 1 2 8 4 2
2 0 9 0 4 5 6 6 2 3 0 1 1 7 6
```

NUMBER PUZZLE #12

```
2 7 0 8 5 2 8 8 1 9 1 6 8 8 3
8 0 8 8 5 8 0 9 4 3 5 8 2 9 2
2 8 3 6 7 1 0 1 2 6 5 8 6 7 6
6 9 5 6 2 7 5 8 8 8 0 3 7 9 8
5 8 0 9 8 9 0 4 0 1 7 4 9 3 4
1 4 2 1 2 9 7 1 7 1 2 3 8 7 2
3 6 7 1 1 3 9 0 7 6 9 0 8 9 4
5 7 7 2 5 6 4 5 7 2 8 2 2 5 4
5 1 8 2 5 1 5 8 2 2 3 4 4 6 1
5 2 3 3 2 4 4 5 9 4 6 3 3 1 5
6 4 6 0 7 0 6 6 4 8 6 3 4 5 3
0 6 6 7 6 9 5 8 9 6 8 3 7 9 3
7 6 0 6 4 4 7 3 7 4 6 0 6 3 2
1 2 6 4 2 2 2 2 1 3 7 4 3 4 6 0
8 1 9 1 6 0 0 2 5 6 0 2 8 6 6
```

5645
71012
588803
5946331
41533206
422213743
6513555607
85809435829
852881916883
7742678406661
350277836
6002560286
81162248647
898467124662
7113907690894

NUMBER PUZZLE #13

6223
78612
784027
4950001
48649622
278341929
5491564965
76515061465
944052332441
6485136975127
6512
82412
881639
4451836
52207830

```
4 9 5 0 0 0 1 3 9 6 9 5 6 9 3
1 9 4 4 0 5 2 3 3 2 4 4 1 8 0
3 9 4 0 6 8 9 7 4 5 8 8 6 5 5
1 2 9 7 6 0 6 6 2 6 8 4 8 7 9
3 7 7 6 4 9 6 7 6 2 8 7 8 5 5
1 7 2 9 0 7 8 6 4 5 0 6 1 4 2
4 4 5 1 8 3 6 1 1 4 9 3 6 9 2
9 1 4 4 2 2 3 8 5 4 2 3 1 0
7 6 5 1 5 0 6 1 4 6 5 4 9 5 7
5 8 9 1 2 9 7 3 2 6 7 4 7 6 8
9 2 9 8 7 8 7 2 5 4 8 3 1 4 3
9 7 1 5 6 6 3 1 2 9 4 9 4 9 0
4 1 1 3 4 2 0 3 5 0 7 7 6 0
9 2 2 4 8 6 4 9 6 2 2 0 1 5 6
7 1 2 5 7 7 1 8 2 4 7 1 9 2 6
```

NUMBER PUZZLE #14

```
2 5 7 6 2 1 8 2 2 4 2 5 0 7 7
4 8 4 2 4 1 7 0 3 5 7 1 0 1 5
4 6 8 6 6 0 1 0 4 8 7 6 1 5 0
6 3 4 4 1 6 0 8 6 6 5 0 6 4 9
3 9 0 6 1 7 1 8 6 4 8 2 6 9 5
9 8 5 4 3 7 6 6 7 4 7 6 4 0 7
4 7 9 6 7 6 6 1 8 6 7 4 8 3 7
0 4 1 7 4 1 7 6 2 3 1 5 0 8 4
6 1 8 5 1 7 3 6 4 5 2 9 7 4 2
7 5 3 9 6 5 8 3 5 6 7 8 6 9 3
2 1 5 7 4 7 9 6 1 3 8 9 4 4 2
2 0 9 5 9 2 0 0 4 9 9 2 1 7 8
5 1 7 8 2 0 0 0 9 0 7 2 5 5 9
7 6 1 0 2 6 4 2 7 9 3 2 8 0 9
3 4 4 8 8 5 6 6 7 4 6 3 1 0 9
```

1777
79046
446394
4232899
63545763
786866453
7621822425
90384947500
346678245149
6026459892223
1703
92204
264646
3563909
75877127

NUMBER PUZZLE #15

8599

73587

747153

9250324

51228131

217703724

5141530895

38343366934

715387672674

5047173844906

1666

98783

173772

3229414

82042809

```
8 4 3 9 8 7 0 6 6 6 3 7 5 9 3
6 2 9 7 5 8 1 5 5 8 2 1 0 0 8
8 2 0 4 2 8 0 9 0 7 2 5 4 2 3
1 6 9 6 3 1 7 9 9 7 9 3 7 7 4
5 1 2 2 8 1 3 1 4 1 4 8 1 9 3
5 1 4 1 5 3 0 8 9 5 1 7 7 5 3
4 2 3 2 1 4 5 2 0 3 4 6 3 3 6
1 4 1 1 4 9 0 8 8 7 8 7 8 4 6
7 5 7 7 9 5 9 1 6 6 6 2 4 9 9
3 0 6 1 7 2 4 4 7 3 9 6 4 2 3
5 9 9 2 5 0 3 2 4 3 7 7 9 8 4
8 7 9 8 7 8 3 2 8 7 7 4 0 4 0
7 2 9 4 0 9 7 7 4 6 3 7 6 4 2
4 2 7 0 7 8 7 0 2 7 6 8 2 3 7
7 2 2 7 4 7 1 5 3 4 3 2 3 0 3
```

NUMBER PUZZLE #16

```
4 6 7 9 0 0 3 5 4 6 7 4 7 6 0      9645
9 5 3 4 5 9 4 1 2 9 9 4 2 8 8      60631
6 1 5 6 8 3 7 9 6 3 4 6 7 6 6      774318
4 5 8 5 3 3 3 9 6 4 0 7 5 2 6      8915829
5 0 0 4 2 3 5 1 6 2 9 7 8 8 1      45941299
5 9 2 9 2 7 6 0 6 3 1 4 9 8 6      153124267
3 8 8 2 3 5 1 9 0 1 4 3 9 2 8      5613564457
8 2 9 1 4 4 3 3 5 4 8 1 2 9 8      42533076131
8 8 4 4 2 3 1 3 6 1 5 8 3 7 6      661688604479
2 1 9 0 0 4 1 9 0 8 3 6 0 7 0      5552713687015
0 6 1 4 0 2 2 3 2 7 7 2 5 2 4      1629
8 9 9 1 4 9 8 9 7 2 6 0 2 8 4      90035
4 7 7 2 2 1 0 3 5 3 5 1 1 0 7      210353
9 1 6 6 1 2 6 8 8 5 1 5 3 5 9      2894919
1 7 5 5 6 1 3 5 6 4 4 5 7 1 5      88208491
```

NUMBER PUZZLE #17

8558
47675
801483
8581334
40654467
198391566
6085598019
46722785328
607989536284
6058253529124
1592
81287
246934
2560424
94374173

```
4 2 6 6 2 4 6 9 3 4 8 4 8 0 4
6 0 7 3 4 9 0 0 4 1 9 0 1 8 9
7 1 6 0 8 5 5 9 8 0 1 9 0 2 2
2 1 6 2 3 0 5 2 5 6 0 4 2 4 9
2 6 9 0 3 4 1 2 5 0 9 5 9 4 9
7 7 4 8 7 8 7 4 1 0 3 7 4 0 8
8 2 3 9 5 9 3 7 8 5 7 0 1 6 5
5 5 1 5 5 8 8 8 1 3 9 9 9 5 8
3 2 8 6 0 2 8 9 0 6 1 2 0 4 1
2 6 0 5 8 2 5 3 5 2 9 1 2 4 3
8 6 1 9 2 3 6 5 8 3 4 9 2 6 3
6 2 8 1 2 8 7 9 7 7 6 7 6 7 4
0 7 4 7 6 7 5 2 1 2 9 2 3 9 2
7 6 0 1 9 8 3 9 1 5 6 6 8 0 5
4 1 7 9 9 4 3 7 4 1 7 3 8 4 3
```

NUMBER PUZZLE #18

```
6 2 4 3 6 5 8 8 6 5 9 6 6 1 6      7471
3 5 3 6 7 6 3 5 7 2 9 7 5 1 4      34719
2 2 8 3 5 1 5 3 9 7 2 2 6 6 7      828648
9 6 0 8 4 8 1 5 2 2 3 9 3 6 5      8246839
6 5 8 2 3 6 2 5 3 0 4 1 7 3 5      35367635
3 5 8 8 2 6 3 1 5 1 7 5 9 8 4      243658865
3 7 2 6 7 9 2 0 4 2 1 8 3 5 2      6557631581
7 6 9 4 7 2 7 0 2 9 9 4 3 9 9      50912494525
5 3 5 8 9 5 2 2 6 8 4 2 7 9 0      554290468089
5 1 1 2 3 9 5 9 0 1 4 7 1 1 4      6563793371233
8 5 9 5 0 9 1 2 4 9 4 5 2 5 6      1555
6 8 9 0 2 1 1 5 4 9 4 7 3 6 8      72539
2 1 9 9 5 5 2 7 3 3 5 7 3 8 0      283515
2 9 6 1 5 8 2 4 6 8 3 9 2 4 8      2225929
5 0 7 5 9 9 3 0 5 7 4 7 1 2 9      88295199
```

NUMBER PUZZLE #19

6384
21763
855813
7912344
30080803
288926164
7029665143
55102203722
500591399894
7069333213342
1518
63791
320096
1891434
82216225

```
3 0 3 6 3 8 4 3 2 6 8 6 9 5 1
9 7 1 3 6 3 1 2 8 7 8 7 0 0 3
0 7 5 4 1 3 0 0 2 5 1 0 6 0 0
8 0 1 9 5 9 7 0 6 6 5 2 8 5 0
3 6 8 5 2 0 7 9 2 7 4 9 3 9 8
1 9 7 5 4 3 1 6 1 8 1 6 5 1 0
2 3 8 1 2 8 8 9 2 6 1 6 4 3 8
1 3 8 0 1 8 9 6 6 9 0 5 8 9 0
0 3 5 2 7 9 1 2 3 4 4 1 1 9 3
9 2 5 2 9 1 4 2 3 1 7 4 3 8 6
0 1 8 0 3 5 3 8 5 4 5 3 2 9 4
0 3 1 3 2 3 4 1 7 6 6 7 1 4 8
6 3 3 7 6 4 8 2 2 1 6 2 2 5 9
0 4 1 2 1 7 6 3 4 9 8 0 2 4 1
8 2 7 2 7 8 4 5 5 3 3 7 1 6 5
```

NUMBER PUZZLE #20

```
9 2 1 0 5 1 0 3 9 6 7 8 4 7 4      5297
2 1 5 8 5 6 1 2 7 5 0 5 6 1 3      13256
8 4 5 9 7 9 3 4 0 5 5 5 2 0 9      882978
8 8 6 5 9 2 9 1 9 1 2 9 1 9 1      7577849
2 1 9 8 3 2 6 6 4 6 0 6 5 0 7      24793971
9 8 3 4 4 9 5 2 5 3 5 6 6 7 7      334193463
7 7 9 8 8 1 0 6 1 0 5 6 5 0 6      7501698705
8 7 5 7 4 8 7 3 0 5 5 4 5 1 1      59291912919
8 4 0 5 3 7 5 7 7 8 4 9 5 7 3      446892331699
1 5 0 7 0 5 5 0 4 3 9 4 1 1 7      7574873055451
8 4 1 6 3 3 4 1 9 3 4 6 3 1 2      1481
0 2 2 4 7 9 3 9 7 1 1 0 8 3 5      55043
9 7 2 4 8 7 4 0 9 1 6 9 3 2 1      356677
3 4 4 6 8 9 2 3 3 1 6 9 9 5 7      1556939
1 4 8 8 2 5 1 8 8 8 8 4 7 6 2      76137251
```

NUMBER PUZZLE #21

4210
19835
910143
7243354
19507139
379460762
7973732267
63481622116
393193263504
8080412897560
832133752
7173813607
83770599308
402173325804
5431364470279

```
7 4 2 6 5 5 1 3 6 4 9 1 1 4 8
9 3 6 3 3 5 9 2 8 2 1 5 4 0 5
9 3 6 4 7 4 5 6 5 1 8 0 8 4 1
4 3 7 8 9 2 0 1 2 0 6 0 3 6 5
0 9 1 1 4 8 7 4 2 5 4 1 7 8 7
2 3 5 6 6 7 1 8 3 1 3 8 9 3 1
1 1 2 2 0 6 3 7 2 6 4 3 7 7 7
7 9 1 2 7 5 9 8 4 2 5 2 3 7 3
3 3 9 1 6 4 9 4 1 8 7 1 7 0 8
3 2 5 1 2 7 7 0 8 1 5 3 3 5 1
2 6 1 6 5 0 0 6 0 0 9 3 2 9 3
5 3 5 6 2 6 3 4 3 9 7 7 2 9 6
8 5 0 7 3 1 9 8 3 5 9 5 6 3 0
0 0 9 7 2 4 3 3 5 4 3 2 7 0 7
4 4 9 7 6 1 9 1 0 1 4 3 8 8 3
```

NUMBER PUZZLE #22

```
2 9 5 7 8 7 7 4 0 1 0 5 1 2 4
6 8 3 1 7 9 3 7 3 0 8 6 5 4 8
4 5 6 3 6 1 4 6 0 3 6 0 5 4 3
1 8 7 0 9 8 5 4 9 4 0 7 8 8 6
4 5 2 6 9 4 2 6 5 0 6 9 6 7 2
5 9 5 7 8 0 9 0 2 6 8 7 0 0 6
6 5 8 3 6 4 1 4 8 5 6 8 4 8 9
2 2 0 1 1 9 4 4 1 7 1 2 5 8 0
3 7 4 2 0 4 0 5 1 9 4 1 0 9 4
0 3 7 3 1 6 2 3 7 7 5 5 1 5 8
9 9 8 6 4 4 3 2 2 6 6 3 7 6 3
7 6 9 5 7 1 9 8 0 8 5 0 0 3 3
4 6 9 4 3 9 0 5 1 3 4 8 8 9 5
7 9 8 1 8 6 9 6 7 5 0 1 2 3 6
5 9 3 3 1 1 6 5 6 8 1 7 1 9 7
```

3123
26414
937308
6908859
14220307
424728061
8445765829
67671331313
339494195309
8585952739669
877401051
6725804789
77156251116
457668406459
4836269048335

NUMBER PUZZLE #23

2036
32993
964473
6574364
20385989
469995360
8917799391
71861040510
285795127114
9091492581778
922668350
6277795971
70541902924
513163487114
4241173626391

```
9 7 4 2 3 2 9 6 2 6 1 8 5 4 4
0 3 1 1 6 1 8 0 5 9 1 1 7 6 7
9 3 3 8 2 2 3 6 2 7 3 5 4 5 3
1 9 6 8 6 8 7 2 9 1 4 6 3 3 2
4 5 4 8 5 1 6 7 6 4 9 3 1 9 6
9 7 3 9 9 6 0 3 7 9 4 2 6 6 7
2 3 8 3 8 6 4 4 9 9 2 4 0 4 7
5 9 2 3 0 8 4 5 0 4 5 4 8 3 8
8 1 5 9 7 7 3 4 4 5 9 9 1 8 6
1 0 8 1 9 6 6 8 7 8 1 7 7 1 6
7 4 1 9 0 3 1 1 9 3 9 0 6 1 9
7 4 8 9 1 7 7 9 9 3 9 1 0 9 5
8 1 9 2 8 5 7 9 5 1 2 7 1 1 4
7 1 7 0 5 4 1 9 0 2 9 2 4 5 7
4 2 4 1 1 7 3 6 2 6 3 9 1 5 4
```

NUMBER PUZZLE #24

```
7 7 4 9 3 3 9 5 7 2 3 5 7 5 9
9 6 7 9 3 5 6 4 9 2 4 6 3 5 3
2 3 2 9 9 5 4 2 6 0 0 8 9 9 6
3 9 5 9 3 4 1 5 0 5 1 7 9 9 4
1 2 8 6 4 8 5 5 0 6 0 3 6 1 6
9 7 5 2 8 1 7 7 2 3 7 2 8 6 0
9 5 4 6 6 6 4 2 2 6 3 2 6 3 7
9 5 7 7 2 9 5 4 3 9 2 3 4 8 8
6 4 1 9 7 4 2 8 8 1 0 6 8 2 2
6 7 4 0 2 3 8 6 5 0 3 8 5 7 0
8 3 7 1 8 5 9 2 0 6 9 6 3 9 4
9 2 3 8 5 8 2 9 7 8 7 1 5 3 4
6 7 7 2 5 3 8 4 1 0 8 7 3 0 4
9 3 8 9 8 3 2 9 5 3 4 3 6 8 7
2 3 2 0 9 6 0 5 8 9 1 9 3 9 5
```

1999
39572
991638
6239869
26551671
515262659
9389832953
76050749707
232096058919
9597032423887
967935649
5829787153
63927554732
568658567769
3646078204447

NUMBER PUZZLE #25

1962
46151
900764
5905374
32717353
560529958
9861866515
80240458904
178396990724
9001937001943
909184691
5381778335
57313206540
624153648424
3050982782503

```
6 5 3 8 1 7 7 8 3 3 5 2 5 7 6
3 6 8 0 5 4 9 0 1 4 6 6 3 0 3
9 2 6 1 0 9 9 4 1 5 0 4 8 7 4
8 4 5 9 8 9 0 9 7 5 8 5 1 1 0
6 1 6 6 6 5 0 5 2 7 5 8 2 6 8
1 5 3 2 7 6 1 9 3 1 5 9 4 3 0
8 3 3 0 5 0 9 8 2 7 8 2 5 0 3
6 6 4 5 6 5 3 5 0 5 4 8 6 9 6
6 4 7 6 8 2 7 2 1 3 7 0 3 0 2
5 8 5 2 1 9 0 9 1 8 4 6 9 1 3
1 4 4 5 8 5 0 3 9 0 0 7 6 4 9
5 2 6 3 2 7 1 7 3 5 3 2 7 8 3
4 4 1 7 8 3 9 6 9 9 0 7 2 4 5
5 8 0 2 4 0 4 5 8 9 0 4 8 9 9
7 1 5 7 3 1 3 2 0 6 5 4 0 5 2
```

NUMBER PUZZLE #26

```
4 9 3 3 7 6 9 5 1 7 0 6 7 8 2
3 8 5 0 4 3 3 7 3 3 4 6 3 6 1
8 5 0 6 9 8 8 5 8 3 4 8 3 0 2
5 4 9 9 6 2 4 4 2 5 8 2 9 5 4
4 9 0 2 8 6 9 3 5 4 1 5 2 7 6
7 4 2 6 3 1 8 7 4 8 2 1 8 9 9
2 4 5 5 8 8 7 3 6 0 5 5 9 7 7
9 1 2 9 8 4 0 7 5 9 5 2 4 2 9
4 1 2 3 4 1 1 5 8 8 9 7 3 5 2
0 4 0 2 6 8 7 5 8 9 0 3 9 7 2
4 3 8 8 5 0 6 5 7 0 9 0 7 1 5
5 6 1 5 8 8 3 4 9 9 2 1 8 6 2
6 0 6 7 9 6 4 8 7 2 9 0 7 9 9
1 0 9 0 4 7 2 8 1 3 1 9 1 8 0
9 4 1 3 8 5 7 6 9 7 6 1 9 2 5
```

1925
52730
809890
5570879
38883035
605797257
9413857697
84430168101
124697922529
8406841579999
850433733
4933769517
50698858348
679648729079
2455887360559

NUMBER PUZZLE #27

6801
86212
979251
3953671
55766038
134470115
4469574323
67220687101
899392901034
5227595543593
206406022
4980569644
71867874283
989637540220
5856366259360

```
1 9 9 3 3 3 2 6 1 4 8 8 6 5 6
0 3 4 9 7 2 5 3 0 4 2 7 2 9 5
5 2 4 3 7 2 6 8 7 6 5 2 8 8 9
3 8 6 4 1 9 6 7 5 9 7 2 9 9 6
7 9 5 0 7 2 2 5 2 5 5 0 9 6 7
4 1 4 6 1 0 0 5 9 7 8 6 3 3 2
9 4 8 2 3 3 1 5 1 4 7 4 9 7 2
8 3 2 6 8 6 5 1 5 3 8 0 2 5 0
0 9 9 4 7 4 6 5 5 2 6 6 9 4 6
5 1 7 5 3 8 7 2 8 3 6 0 0 0 8
6 8 1 5 3 6 7 8 5 1 0 2 1 2 7
9 4 9 7 6 6 7 4 2 9 4 2 0 2 1
6 3 9 0 7 2 7 8 2 3 3 3 3 0 0
4 1 3 3 4 6 5 1 6 8 9 6 4 1 1
4 8 6 8 0 1 3 1 8 0 3 1 0 2 0
```

NUMBER PUZZLE #28

```
3 1 9 5 6 2 5 7 3 4 9 9 9 1 9     7090
8 9 9 0 0 1 2 0 3 9 4 3 9 8 4     90012
6 3 8 7 3 1 4 1 6 0 2 9 3 5 6     813504
8 8 2 0 5 3 4 5 5 5 0 6 9 6 3     3455506
4 5 9 9 9 9 3 8 1 2 4 8 5 4 9     59324246
0 0 0 8 3 1 1 1 4 0 8 7 8 7 7     193850966
7 9 2 7 2 9 4 7 4 2 1 1 5 7 9     3958579002
0 6 2 5 4 6 9 8 4 8 1 2 7 5 6     62573499919
9 6 7 7 2 0 2 8 2 2 1 8 9 7 0     809148261848
0 7 3 9 4 0 2 8 9 6 1 6 0 0 9     4598824827826
3 7 7 3 6 7 9 5 8 3 1 0 0 5 3     7379
8 5 9 6 8 6 7 4 5 2 1 8 2 5 6     93812
3 4 8 2 8 3 1 0 4 9 4 5 4 4 6     647757
9 6 6 7 4 7 4 7 9 6 3 5 2 8 4     2957341
3 1 9 1 0 0 8 3 2 6 3 9 4 9 0     62882454
```

NUMBER PUZZLE #29

7668
97612
482010
2459176
66440662
312612668
2936588360
53279125555
628658983476
3341283396292
253231817
3447583681
57926312737
718903622662
3970054112059

```
3 4 5 7 1 8 9 0 3 6 2 2 6 6 2
9 6 8 3 0 7 3 1 2 6 1 2 6 6 8
3 3 2 2 2 6 4 8 3 0 0 2 9 7 3
0 9 3 8 0 7 2 9 0 7 9 9 7 7 2
5 0 7 4 6 1 9 7 9 3 7 3 8 3 5
0 7 1 0 1 5 0 1 6 7 1 2 2 4 3
9 1 9 5 0 2 8 5 2 0 6 5 8 4 2
6 1 2 2 9 5 8 9 4 5 9 1 1 7 3
6 5 7 4 6 8 4 3 8 1 5 2 2 5 1
4 4 2 0 3 3 4 1 3 3 1 5 0 8 8
4 6 1 6 3 7 1 1 1 9 4 6 5 3 1
0 5 0 1 5 6 6 2 2 2 6 7 2 6 7
6 7 8 9 6 6 5 8 7 4 0 2 6 8 7
6 6 2 2 6 8 6 5 9 3 4 5 9 1 9
2 2 2 2 4 5 9 1 7 6 7 7 9 2 7
```

NUMBER PUZZLE #30

```
6 6 2 1 5 6 2 9 4 2 4 7 4 2 5
3 0 8 4 8 8 8 4 5 8 7 8 4 1 3
2 8 8 1 2 6 7 6 6 4 0 9 3 4 8
6 7 5 3 9 5 0 8 2 4 6 5 9 6 4
9 9 1 7 8 6 5 1 5 0 5 1 6 2 1
2 4 4 2 0 1 1 9 8 3 5 8 9 8 4
8 7 3 4 5 9 5 0 3 0 3 9 9 4 3
3 8 2 2 8 1 0 4 1 0 8 9 9 6 4
6 8 8 3 1 6 2 6 3 1 3 9 8 4 4
1 1 5 1 3 7 8 6 7 2 0 9 8 3 2
2 4 8 6 3 1 9 3 8 3 7 3 7 0 9
0 8 8 3 7 3 5 5 7 0 7 8 0 9 0
5 6 9 8 2 0 6 5 7 9 5 1 5 3 0
2 5 2 5 2 4 8 0 9 2 9 2 1 8 2
3 3 7 1 9 9 3 5 1 9 2 4 5 4 2
```

7957
89999
316263
1961011
69998870
371993519
2425593039
48631938373
538414344290
2712512680525
8246
82386
150516
1462846
73557078

NUMBER PUZZLE #31

8535
74773
203569
2013849
77115286
490755221
1403602397
39337564009
357925065918
1454971248991
431374370
1914597718
43984751191
448169705104
2083741964758

```
9 1 1 1 4 0 3 6 0 2 3 9 7 5 3
3 3 0 4 6 6 5 4 4 2 6 5 4 0 6
5 8 2 9 5 1 0 3 3 0 3 4 3 7 1
2 7 0 6 0 4 2 1 6 8 1 5 9 7 9
0 2 1 0 0 0 9 3 0 5 7 4 8 1 1
3 4 4 8 1 6 9 7 0 5 1 0 4 1 4
5 8 9 3 0 7 8 4 1 3 9 3 7 5 5
6 7 8 8 4 1 4 3 7 2 4 7 5 2 9
9 4 3 5 5 1 6 7 4 8 4 9 1 8 7
9 6 4 8 6 3 7 0 7 0 4 8 1 6 7
5 1 0 9 4 5 5 7 4 3 2 0 9 1 1
7 4 9 0 7 5 5 2 2 1 6 1 1 9 8
2 0 8 3 7 4 1 9 6 4 7 5 8 4 1
3 8 3 9 3 3 7 5 6 4 0 0 9 5 4
9 5 9 3 5 7 9 2 5 0 6 5 9 1 8
```

NUMBER PUZZLE #32

```
2 6 2 5 3 6 9 8 8 2 4 8 4 2 1      9113
9 2 8 5 9 0 7 4 2 0 2 3 1 2 5      59547
1 1 1 2 4 5 0 0 8 6 2 7 2 2 6      309675
1 8 2 6 4 8 4 4 9 0 7 0 6 6 6      3115855
3 0 5 7 2 1 9 7 3 4 4 8 1 3 9      84231702
2 6 6 1 0 6 4 0 3 1 4 3 1 5 8      609516923
4 7 4 6 8 2 0 5 5 2 8 1 2 0 7      2473513423
7 3 8 0 7 8 7 9 3 7 5 9 7 2 5      30043189645
3 4 5 8 4 8 3 1 5 8 4 3 6 3 4      177435787546
5 9 2 8 7 2 7 6 5 1 9 6 7 4 9      2548905746047
1 4 4 5 9 0 4 5 0 5 6 0 0 4 5      8824
3 5 4 8 2 2 5 6 6 2 2 9 5 4 6      67160
4 6 1 2 7 6 0 4 6 9 2 1 2 1 7      256622
2 1 0 1 7 0 6 3 0 9 6 7 5 3 0      2564852
3 6 9 9 3 7 1 3 2 8 6 0 1 2 3      80673494
```

NUMBER PUZZLE #33

9402
51934
362728
3666858
87789910
668897774
3008468936
25396002463
201918495549
3095872994575
550136072
1938557910
34690376827
267680426732
2001938497519

```
3 8 9 2 6 7 6 8 0 4 2 6 7 3 2
4 2 4 2 4 1 3 0 4 3 1 3 1 3 3
6 5 0 6 3 2 4 5 1 6 3 0 8 0 5
2 5 2 0 8 0 6 3 6 6 5 9 6 0 2
1 0 0 6 1 1 9 0 8 6 3 5 4 8 5
4 1 5 0 1 9 0 5 9 8 0 8 3 4 3
6 3 2 6 9 1 3 9 2 5 9 7 3 6 9
6 6 4 3 3 8 7 8 2 8 0 2 5 8 6
8 0 3 6 8 4 6 9 4 3 9 9 5 9 0
8 7 9 2 5 9 8 7 9 9 5 9 7 3 0
9 2 7 7 5 5 2 0 7 1 7 4 2 6 2
7 1 5 2 7 5 7 8 9 0 9 5 6 4 4
7 4 9 8 9 4 5 3 0 6 7 7 1 4 6
7 9 9 0 1 9 4 1 9 2 1 5 6 9 3
4 8 8 5 0 0 6 8 7 7 8 9 9 1 0
```

NUMBER PUZZLE #34

```
1 3 7 9 1 0 6 1 8 2 1 3 5 5 6
7 3 2 1 7 9 8 2 4 6 0 6 7 8 4
7 2 3 5 2 1 1 1 9 9 7 3 7 2 7
4 1 8 6 4 4 1 3 8 0 4 1 2 8 3
2 4 6 2 4 6 2 7 4 0 7 6 8 1 5
0 4 5 9 7 2 6 1 9 8 4 6 3 8 4
7 3 8 4 1 8 8 9 7 0 1 5 7 7 3
4 2 0 1 5 2 6 4 1 8 5 1 7 0 4
8 1 8 5 5 1 7 2 0 8 6 5 8 6 2
8 6 3 7 4 0 0 5 5 2 2 1 1 2 4
1 3 8 8 5 3 5 6 2 3 4 3 7 4 4
5 8 6 1 5 8 2 4 8 5 4 3 9 3 4
2 6 7 5 9 4 8 7 7 1 2 1 1 6 9
8 9 2 2 0 1 9 0 9 6 9 1 9 0 0
1 2 8 9 3 5 5 8 1 7 7 7 6 7 3
```

9691
44321
415781
4217861
91348118
728278625
3543424449
20748815281
226401203552
3642840243103
2137
24813
734099
7523879
79106182

NUMBER PUZZLE #35

9980
36708
468834
4768864
94906326
787659476
4078379962
16101628099
250883911555
4189807491631
832565881
6753157527
41612475249
373297451570
6924643734271

```
6 4 3 4 1 6 1 2 4 7 5 2 4 9 6
7 9 1 7 4 0 8 5 5 0 8 7 5 6 2
8 9 2 8 3 1 6 6 4 6 6 9 5 4 5
7 4 2 4 9 2 6 8 3 2 1 4 2 7 7
6 9 5 6 6 8 9 4 6 8 8 3 4 6 4
5 0 0 3 3 4 0 7 7 1 2 0 1 8 0
9 6 8 6 9 7 3 7 4 8 2 9 8 8 7
4 3 8 7 5 4 2 7 4 5 0 4 9 6 8
7 2 3 0 1 7 9 2 3 9 1 2 8 4 3
6 6 9 8 3 9 6 4 4 1 5 6 6 7
4 5 1 7 8 9 3 0 6 8 2 6 7 9 9
1 6 1 0 1 6 2 8 0 9 9 7 3 0 9
3 5 5 6 6 0 1 1 7 4 9 2 1 1 6
9 2 5 8 8 3 2 5 6 5 8 8 1 6 2
8 0 5 2 6 7 5 3 1 5 7 5 2 7 4
```

NUMBER PUZZLE #36

```
9 8 3 7 8 6 5 0 4 0 3 4 6 3 3
7 8 2 7 4 4 8 3 2 2 4 7 1 2 9
4 1 4 4 3 3 7 2 1 1 5 1 7 2 2
2 7 1 6 6 8 1 0 6 9 4 1 7 2 2
6 5 3 3 4 1 1 5 4 5 8 3 4 7 4
6 6 3 6 8 5 2 1 4 0 0 6 5 3 6
5 7 7 4 7 1 3 4 3 2 3 3 7 8 1
9 6 4 8 8 7 4 4 8 3 6 2 9 0 3
4 2 6 8 7 0 4 5 8 6 2 7 7 7 3
8 6 7 7 9 1 6 7 6 2 4 2 1 4 3
3 0 5 1 0 7 5 1 4 2 9 1 2 8 5
5 7 7 9 9 0 9 2 3 0 6 2 7 8 4
1 2 2 6 8 5 3 3 3 9 1 1 9 5 2 7
9 0 9 4 5 0 0 5 0 3 7 5 7 0 5
2 2 6 8 8 9 8 1 2 8 8 5 9 1 1
```

7423
29095
521887
5319867
98464534
847040327
4613335475
11454440917
275366619558
4736774740159
2051
30285
787152
8074882
74266594

NUMBER PUZZLE #37

4866
21482
574940
5870870
93624946
906421178
5148290988
18993949500
299849327561
5283741988687
765947807
7288113040
49151983832
397780159573
7471610982799

```
5 8 4 0 1 8 1 6 1 2 7 7 5 8 3
7 1 8 9 9 3 9 4 9 5 0 0 0 8 2
8 4 7 4 9 1 5 1 9 8 3 8 3 2 5
3 9 7 7 8 0 1 5 9 5 7 3 1 2 2
2 1 5 1 2 1 4 8 2 9 2 3 8 7 9
2 7 7 1 6 0 2 2 9 6 0 3 9 2 9
1 9 6 2 4 1 0 7 0 1 7 1 1 8 8
7 3 5 6 5 8 0 6 6 4 4 1 8 8 4
0 6 9 7 7 8 2 9 1 0 4 0 7 1 9
1 2 4 5 1 4 7 9 8 9 0 3 9 1 3
4 4 7 3 3 5 8 0 0 2 1 7 7 3 2
5 9 8 2 4 8 4 3 8 9 7 6 9 0 7
6 4 0 4 6 8 9 6 3 7 8 9 2 4 5
4 6 7 8 6 5 7 4 9 4 0 8 9 0 6
0 0 7 6 9 0 6 4 2 1 1 7 8 0 1
```

NUMBER PUZZLE #38

```
6 9 4 2 7 0 0 6 8 6 2 5 8 8 5
9 5 9 8 3 5 9 6 5 8 0 2 0 2 9
5 6 0 0 4 5 1 5 7 7 3 5 6 9 2
6 8 5 6 3 0 7 3 8 5 0 2 1 7 3
2 3 9 4 8 1 2 5 8 2 4 6 0 2 2
6 2 3 2 7 4 5 0 7 6 5 6 4 8 8
5 4 2 1 1 6 7 0 5 2 9 3 8 5 7
3 6 5 8 3 0 7 0 9 2 3 7 2 1 5
3 5 8 7 2 1 1 1 7 2 8 3 1 0 6
4 0 7 3 4 9 6 1 0 5 2 4 0 6 8
5 1 2 3 5 2 9 3 3 2 5 7 8 2 0
8 1 0 9 7 1 5 5 6 3 5 9 9 9 4
0 5 9 9 0 5 8 0 4 0 4 0 2 2 2
8 5 9 6 6 1 0 8 0 9 2 1 7 3 6
3 3 7 4 5 0 8 4 5 4 9 5 4 1 9
```

2309
13869
627993
6421873
88785358
965802029
5683246501
26533458083
324332035564
5830709237215
1965
35757
840205
8625885
69427006

NUMBER PUZZLE #39

2223
19341
681046
6972876
83945770
899183955
6218202014
34072966666
348814743567
6377676485743
699329733
7823068553
56691492415
422262867576
8018578231327

```
4 4 0 3 4 6 2 1 8 2 0 2 0 1 4
7 8 2 0 4 9 5 8 6 4 7 6 8 4 0
8 3 0 2 4 8 8 1 7 4 8 9 6 2 7
2 2 4 3 2 1 8 2 1 1 0 3 2 8 1
3 1 0 0 4 6 0 1 0 9 7 2 3 0 8
0 6 6 6 7 7 2 4 4 7 3 9 3 9 6
6 4 9 0 3 2 6 8 6 7 4 4 9 6 9
8 4 7 0 8 6 9 7 6 5 4 1 1 7 9
5 7 2 3 1 2 6 6 7 7 8 3 2 1 3
5 2 8 9 7 4 9 7 6 3 5 6 5 9 2
3 7 7 7 8 8 0 2 9 6 8 7 3 6 9
4 3 6 5 4 8 0 5 7 7 6 5 6 1 7
6 8 7 7 1 2 5 8 4 3 9 6 4 9 3
5 4 5 6 6 9 1 4 9 2 4 1 5 2 3
3 8 0 1 8 5 7 8 2 3 1 3 2 7 6
```

NUMBER PUZZLE #40

```
8 1 7 3 5 1 4 3 8 0 9 7 3 4 1
9 7 8 1 7 5 2 3 6 3 8 4 2 8 9
6 7 8 9 4 4 7 0 4 3 4 4 6 1 1
5 8 6 0 5 0 5 3 9 8 8 0 9 8 7
8 1 1 5 6 3 8 0 5 3 7 7 0 1 9
4 1 9 8 7 9 9 7 4 9 3 1 7 6 8
8 7 8 5 0 9 6 5 1 8 9 7 5 9 0
8 4 7 0 3 0 1 9 9 3 7 1 7 6 0
7 6 7 1 6 8 3 6 0 3 0 1 2 4 0
9 1 2 9 9 8 9 0 8 6 0 3 7 1 1
6 5 9 3 6 0 3 7 4 2 2 9 8 0 6
2 8 8 1 1 1 1 5 5 2 7 8 9 6 8
1 0 5 1 8 5 5 6 6 7 8 7 7 5 6
4 5 4 4 1 6 2 9 3 8 7 3 5 8 6
7 5 4 4 0 8 4 5 1 0 1 5 6 5 4
```

1888
59309
719016
5236384
45048717
651064556
8965848879
88619877298
180193003184
7811746158055
791682775
4485760699
44084510156
735143809734
1860791938615

NUMBER PUZZLE #41

1851
65888
628142
4901889
51214399
696331855
8517840061
92809586495
235688083839
7216650736111
732931817
4037751881
37470161964
790638890389
1265696516671

```
7 5 2 8 4 7 0 5 5 4 5 8 7 2 5
9 6 8 7 2 2 0 8 5 4 3 9 3 3 7
0 2 1 3 3 1 9 9 0 5 7 5 4 7 9
6 0 1 2 4 6 8 1 8 3 6 5 9 4 2
3 6 6 9 6 6 7 7 8 8 3 2 0 7 8
8 9 6 3 9 5 3 5 8 5 8 0 1 0 0
8 6 1 1 7 0 6 0 5 6 1 4 8 1 9
9 3 6 8 5 7 8 9 7 8 4 3 8 6 5
0 3 7 1 1 3 6 5 6 4 2 7 9 1 8
3 1 1 7 8 6 3 5 6 5 3 3 0 9 6
8 8 8 3 4 1 8 4 8 2 1 9 1 6 4
9 5 9 4 6 1 8 2 0 8 8 6 4 4 9
8 5 5 1 2 1 4 3 9 9 8 1 6 8 5
6 4 0 3 7 7 5 1 8 8 1 7 4 7 0
8 5 1 7 8 4 0 0 6 1 6 2 2 2 1
```

NUMBER PUZZLE #42

```
7 9 7 4 6 7 9 6 8 0 7 9 8 2 9
8 5 7 4 1 5 9 9 1 5 4 2 6 8 6
0 3 9 3 1 7 3 3 7 2 4 6 7 4 9
6 7 9 9 2 4 5 9 3 2 2 4 7 0 9
9 2 7 3 9 4 4 8 8 1 3 9 8 4 9
8 6 6 2 1 8 2 4 5 7 5 4 1 1 2
3 8 9 5 1 8 4 5 6 7 3 9 4 5 9
1 6 0 8 8 5 5 7 0 9 4 2 7 2 5
2 7 4 8 3 3 1 5 0 4 5 3 6 5 6
4 2 6 7 1 5 2 2 6 0 8 8 4 5 9
3 6 8 4 6 4 9 2 2 0 5 5 5 3 2
7 9 1 8 4 1 9 3 0 2 9 8 0 8 1
7 6 9 5 4 5 8 8 1 5 4 1 2 4 9
7 8 0 0 9 3 1 1 4 9 9 4 6 7 6
8 9 1 2 4 5 0 8 4 6 9 8 4 8 7
```

1814
72467
537268
4567394
57380081
741599154
8069831243
96999295692
291183164494
6621555314167
1444
46295
393258
1222444
70058277

NUMBER PUZZLE #43

1148
37703
685906
7314236
21426485
204173195
2992452707
56418020661
250198399400
5525435509423
1407
37547
429839
1983918
63979303

```
5 6 4 1 8 0 2 0 6 6 1 5 8 0 3
2 5 2 1 1 4 8 6 0 1 1 5 1 3 1
1 9 3 8 7 4 2 9 8 3 9 2 2 5 3
1 2 9 2 1 4 2 6 4 8 5 5 4 4 2
8 2 5 2 9 1 9 1 4 9 4 4 1 6 0
3 9 1 0 4 4 0 1 8 0 9 3 6 8 3
7 7 4 2 1 5 2 9 1 4 3 5 7 5 0
3 6 5 0 8 9 2 0 6 8 4 5 0 9 4
1 3 3 4 1 6 8 7 0 2 3 0 4 0 9
4 9 7 1 7 9 4 3 0 2 1 9 4 6 7
2 7 7 7 2 1 8 8 9 7 4 4 2 8 7
3 9 0 3 3 2 4 3 6 9 4 2 0 3 7
6 3 3 1 6 6 9 5 9 2 4 3 6 7 5
0 0 8 9 9 4 4 1 0 1 1 0 7 0 7
9 3 4 5 1 9 4 8 8 8 8 6 0 7 4
```

NUMBER PUZZLE #44

```
6 6 5 5 5 3 4 8 2 7 4 5 3 9 2
0 4 1 9 1 7 4 0 4 7 7 4 3 3 6
2 4 4 9 3 5 3 2 2 4 6 6 2 8 2
7 2 5 8 7 2 0 5 2 6 5 2 8 7 6
7 3 4 7 8 4 3 4 4 4 3 1 7 2 3
2 4 2 3 5 7 0 2 9 1 1 3 9 5 5
6 4 2 9 5 1 0 9 6 6 1 4 9 7 4
9 6 2 8 4 9 0 4 7 2 6 1 4 9 0
5 2 3 4 7 7 0 2 8 5 9 9 1 0 0
1 0 7 1 0 1 3 7 0 0 0 1 0 0 3
6 9 3 9 7 9 5 1 5 2 7 2 1 3 7
8 9 5 5 7 7 2 2 4 8 7 5 5 2 2
5 4 4 1 6 5 6 4 8 0 8 3 7 9 8
6 3 0 9 6 4 9 7 7 5 7 2 1 1 5
7 2 1 2 1 5 3 4 7 5 1 1 7 1 0
```

1111
44303
722487
8075710
15347511
145422237
3540037285
65499070954
309649775721
5998739841951
1370
28799
466420
2745392
57900329

NUMBER PUZZLE #45

1074
50903
759068
8837184
20018386
198395869
4087621863
74580121247
369101152042
6472044174479
1333
20051
503001
3506866
51821355

```
6 5 9 0 8 9 8 8 3 7 1 8 4 5 6
2 7 0 6 4 4 0 5 2 3 1 6 1 2 4
2 3 4 9 9 4 9 7 1 6 0 7 9 7 7
0 4 3 5 0 5 2 7 6 9 6 8 8 8 2
0 7 2 3 8 3 7 5 7 1 1 0 3 4 0
1 5 1 7 5 0 1 6 4 0 0 6 9 5 4
8 9 6 6 5 8 1 3 0 1 7 3 5 2 4
3 0 9 4 2 8 3 2 4 1 4 2 8 8 1
8 6 7 1 9 5 5 0 1 5 1 0 6 7 7
6 8 3 0 0 0 8 4 3 2 2 3 9 7 4
2 5 6 6 3 5 8 7 2 0 4 0 3 5 4
5 8 8 0 3 6 5 6 6 4 9 7 0 3 7
1 6 0 6 2 3 0 5 1 2 1 5 1 5 9
6 1 3 9 0 0 2 4 0 5 4 7 8 5 1
4 0 8 7 6 2 1 8 6 3 6 3 3 8 8
```

NUMBER PUZZLE #46

```
4 4 2 8 5 5 2 5 2 8 3 6 3 6 2
2 6 8 8 9 6 5 3 9 5 8 2 7 9 5
6 0 2 3 5 4 5 6 4 2 8 1 8 4 1
1 6 6 6 6 0 9 3 5 9 0 1 9 5 3
2 8 5 6 4 5 7 4 2 3 8 1 4 3 6
9 5 9 1 8 6 7 5 7 2 8 6 8 4 9
2 0 9 1 1 2 4 2 6 8 3 4 0 8 5
2 2 2 7 6 3 4 7 6 5 0 3 7 5 0
5 2 5 1 9 7 3 6 2 9 5 6 1 0 1
2 5 7 5 4 5 8 0 8 4 9 7 2 7 3
0 6 9 4 0 2 6 7 6 9 3 4 5 0 1
7 6 5 0 9 4 1 2 9 6 2 8 1 0 5
7 8 6 5 4 1 6 1 7 6 2 6 5 7 3
2 5 4 1 4 8 1 1 3 0 3 1 1 0 0
2 2 9 1 9 9 1 9 5 9 8 6 5 8 2
```

1037
57503
795649
9598658
24689261
251369501
4635206441
83661171540
428552528363
6945348507007
1296
11303
539582
4268340
45742381

NUMBER PUZZLE #47

1000
64103
832230
9054678
29360136
304343133
5182791019
92742221833
488003904684
7418652839535
1259
17903
576163
5029814
39663407

```
6 7 6 7 2 9 0 5 4 6 7 8 8 9 6
6 7 4 6 8 6 0 9 6 7 7 3 2 8 0
7 8 4 2 9 3 9 5 4 8 2 7 0 5 7
6 2 1 1 5 3 5 9 9 2 4 0 4 4 5
6 5 9 2 8 7 0 0 3 2 8 8 4 2 1
9 8 9 3 6 6 8 0 2 3 8 7 7 8 8
2 8 0 1 6 0 5 2 3 0 3 6 8 6 2
5 6 6 5 5 0 1 2 0 8 4 5 3 4 7
0 3 5 3 0 8 1 3 8 4 8 9 9 1 9
2 3 6 9 3 1 9 3 6 3 6 7 0 0 1
9 1 4 3 0 0 6 7 6 6 9 6 6 3 0
8 2 9 0 4 0 8 4 3 2 0 5 2 2 1
1 5 0 6 5 2 5 4 1 1 4 4 3 6 9
4 9 8 1 7 9 0 3 0 5 2 7 0 5 6
1 4 5 2 1 7 3 0 4 3 4 3 1 3 3
```

NUMBER PUZZLE #48

```
7 5 3 4 0 3 1 0 1 1 8 2 7 2 7
2 2 5 2 3 8 4 3 5 7 9 1 2 8 8
9 1 4 4 1 9 2 4 5 0 3 9 9 1 3
9 7 9 8 7 1 8 7 7 9 5 1 4 2 3
5 1 2 6 6 4 1 7 8 1 9 6 0 2 5
5 8 1 8 5 1 5 6 0 5 7 8 5 2 8
3 7 7 8 9 0 6 5 7 7 5 4 4 0 4
7 8 5 1 2 5 2 1 2 1 0 1 2 2 4
4 7 5 1 7 0 7 9 0 8 8 3 4 3 3
6 9 4 4 1 2 0 6 1 6 1 5 0 0 3
1 2 1 7 0 3 9 6 5 6 1 0 2 1 2
2 3 4 6 5 8 1 5 9 9 5 0 0 1 5
7 2 3 5 7 3 0 3 7 5 5 9 7 5 0
4 3 5 7 3 1 6 7 6 5 2 6 8 1 8
4 2 8 8 8 0 1 8 0 0 3 9 9 1 4
```

1350
70703
868811
8510698
34031011
357316765
5730375597
88018003991
547455281005
7891957172063
1222
24503
612744
5791288
33584433

NUMBER PUZZLE #49

1700
77303
905392
7966718
38701886
410290397
6277960175
83293786149
606906657326
8365261504591
1185
31103
649325
6552762
27505459

```
2 8 0 5 8 3 2 9 3 7 8 6 1 4 9
6 2 7 5 0 5 4 5 9 5 3 1 7 7 8
8 5 4 3 3 6 2 3 7 5 9 1 1 4 2
6 7 9 6 6 7 1 8 8 7 6 8 8 2 0
0 9 5 1 0 8 4 7 9 7 9 5 7 1 9
6 2 8 3 6 5 2 6 1 5 0 4 5 9 1
9 4 3 7 0 3 1 1 0 3 2 1 3 8 8
0 1 7 8 4 9 6 8 8 2 9 6 8 1 4
6 0 2 1 5 7 6 6 1 9 5 3 7 8 1
6 2 8 7 9 7 3 6 4 5 0 0 0 6 6
5 9 3 2 2 3 9 6 2 9 0 5 5 9 8
7 0 9 7 1 0 9 7 2 7 3 2 3 4 7
3 3 3 1 0 3 6 0 6 3 9 2 7 9 9
2 9 5 1 0 2 9 9 1 8 7 1 5 1 2
6 7 6 2 7 7 9 6 0 1 7 5 8 0 6
```

NUMBER PUZZLE #50

```
7 6 8 2 5 5 4 4 7 5 3 6 7 9 9      2050
8 8 7 5 8 5 4 5 9 6 2 8 1 5 3      83903
1 3 8 1 8 2 6 1 0 6 5 3 0 5 0      941973
7 3 5 3 6 7 1 6 2 6 3 4 3 0 8      7422738
3 8 8 8 8 0 1 1 9 3 5 3 4 7 5      43372761
9 4 3 0 9 5 2 5 2 5 7 3 0 9 5      463264029
0 6 7 9 8 7 6 1 0 8 5 7 2 3 8      6825544753
0 3 7 9 0 8 4 5 1 0 1 2 0 6 1      78569568307
0 2 9 5 3 3 5 3 8 3 9 7 5 4 3      666358033647
8 6 5 0 8 2 4 0 0 3 7 6 0 0 7      8838565837119
4 4 7 9 4 1 9 7 3 6 7 1 1 8 7      674180859
9 0 0 5 5 0 1 7 8 4 3 1 2 4 2      3589743063
1 2 3 3 0 7 4 2 2 7 3 8 1 2 9      30855813772
9 9 6 7 4 1 8 0 8 5 9 3 3 9 2      846133971044
9 8 4 6 1 3 3 9 7 1 0 4 4 7 7      1739000849199
```

NUMBER PUZZLE #51

2400
90503
978554
6878758
48043636
516237661
7373129331
73845350465
725809409968
9311870169647
615429901
3141734245
24241465580
901629051699
2212305181727

```
7 6 3 9 8 8 2 4 0 0 5 4 3 6 7
9 6 9 5 6 9 1 0 8 7 9 5 9 2 6
2 0 1 3 0 1 6 7 9 8 9 3 5 8 7
2 6 1 5 1 3 5 9 4 5 9 8 4 4 3
1 2 0 6 6 1 7 4 1 1 0 4 7 9 7
2 3 4 4 2 8 8 6 2 9 0 3 7 3 3
3 9 4 2 5 9 2 7 4 9 8 0 1 8 1
0 7 6 5 4 3 0 0 0 4 9 4 3 4 2
5 4 4 6 7 1 9 5 5 1 1 0 8 3 9
1 0 7 6 8 9 4 3 1 7 6 0 1 2 3
8 5 6 7 6 7 5 6 3 6 4 9 6 4 3
1 1 8 8 5 0 8 4 5 3 9 3 6 0 1
7 5 7 8 4 4 2 7 6 5 7 9 8 4 7
2 5 5 6 4 4 9 3 5 7 8 4 8 5 7
7 7 5 2 5 0 6 0 7 8 2 0 0 4 5
```

NUMBER PUZZLE #52

```
7 6 9 1 2 1 1 3 2 6 2 3 0 9 9
8 8 3 6 2 5 8 8 7 6 7 2 0 7 5
5 2 2 7 1 6 0 6 3 1 3 1 8 3 6
2 3 6 7 9 9 9 5 3 8 9 5 1 5 9
6 4 5 8 1 2 2 3 8 3 1 0 5 1 2
0 2 0 3 5 3 0 7 7 7 4 7 9 7 1
7 4 5 5 8 6 1 7 4 2 2 7 5 5 1
8 0 3 0 1 0 0 5 1 6 5 0 7 2 2
6 9 2 7 2 0 0 9 5 3 6 4 1 8 9
2 4 8 4 5 2 0 1 5 9 9 6 2 7 3
8 5 2 7 1 4 5 1 1 1 7 0 4 7 6
9 3 1 7 0 3 8 3 5 3 4 1 9 0 7
5 5 5 6 6 7 8 9 4 3 3 2 0 0 8
5 1 7 6 2 7 1 1 7 3 8 8 5 3 4
8 9 5 7 1 2 4 1 3 2 3 5 4 5 5
```

2750
97103
809135
6334778
52714511
569211293
7920713909
69121132623
785260786289
9785174502175
556678943
2693725427
17627117388
957124132354
2685609514255

NUMBER PUZZLE #53

1621
57645
912351
8120517
50068654
432857437
9962890605
86849526747
520193699588
9000198329833
1879
41229
893258
9176888
64587418

```
2 2 9 0 7 1 5 0 0 6 8 6 5 4 1
2 7 2 1 5 7 6 4 5 4 9 6 6 9 8
1 3 3 6 2 7 5 3 6 1 6 2 1 5 9
8 1 7 3 4 3 0 7 7 6 0 5 9 7 0
6 9 3 5 4 5 5 1 1 5 2 8 6 6 0
8 0 3 5 1 7 8 1 9 0 6 7 8 7 0
4 2 0 2 9 0 4 7 1 8 9 8 1 5 1
9 7 5 7 5 1 4 9 4 1 1 7 2 7 9
5 7 6 0 2 8 3 2 7 1 7 0 0 1 8
2 1 1 2 2 6 4 6 4 3 8 3 5 5 3
6 8 9 5 9 4 8 6 2 9 2 2 1 2 2
7 9 5 9 2 8 9 9 7 9 1 9 7 5 9
4 7 5 1 8 7 9 1 8 7 9 5 1 8 8
7 8 7 7 1 4 3 2 8 5 7 4 3 7 3
8 9 9 6 2 8 9 0 6 0 5 0 9 1 3
```

NUMBER PUZZLE #54

```
9 8 8 4 9 0 1 9 0 2 9 8 1 8 0
3 3 5 6 4 2 3 1 0 0 0 9 9 8 6
0 5 6 9 3 6 1 7 7 1 8 3 1 8 0
0 8 5 8 8 3 2 2 8 1 9 5 3 4 4
6 0 5 6 9 1 2 3 0 7 4 4 6 4 7
3 2 4 1 0 1 4 6 3 4 0 4 6 7 9
2 4 5 5 3 7 8 1 6 9 5 7 2 1 2
7 0 4 3 5 9 6 7 1 2 4 8 3 8 9
1 6 7 5 3 8 6 6 2 5 7 0 9 2 0
1 6 9 8 3 4 6 9 5 7 7 2 3 5 6
6 8 8 0 0 8 0 7 8 2 0 7 6 3 7
5 2 5 7 2 6 5 4 8 9 7 1 3 3 7
9 9 5 7 6 5 5 0 6 2 8 1 5 8 2
5 9 5 2 7 9 4 1 5 3 7 9 6 3 7
1 5 9 9 1 1 6 4 4 6 1 6 1 8 6
```

1535
63117
825338
7316830
45229066
366239363
9415379637
94389035330
544676407591
8340916682755
632711659
8358024066
64231000998
446745575579
8565545479855

NUMBER PUZZLE #55

1449
68589
738325
6513143
40389478
299621289
8867868669
89389290949
569159115594
7681635035677
1793
46701
946311
9727891
59747830

```
7 7 2 4 8 6 5 2 6 4 3 4 0 9 8
8 6 3 3 7 2 4 4 6 5 8 0 2 7 5
9 6 8 5 9 5 5 7 6 6 5 3 2 2 6
3 2 5 1 2 4 0 4 7 9 9 8 5 7 8
8 6 9 1 6 1 6 1 1 1 7 9 0 8 2
9 2 8 9 3 3 4 3 6 5 4 4 6 9 9
2 1 7 5 6 1 5 9 1 9 7 7 1 1 9
9 5 4 9 8 2 4 0 9 1 8 8 7 2 7
0 9 4 4 7 9 1 3 3 1 3 1 7 9 3
9 8 9 3 9 7 0 2 5 5 0 3 4 4 5
4 9 6 6 1 2 3 4 8 5 6 2 1 6 2
9 3 9 4 7 3 7 0 9 9 7 7 8 2 0
6 7 7 3 8 3 2 5 8 4 4 4 7 5 8
8 8 6 7 8 6 8 6 6 9 5 0 0 7 9
0 2 2 6 6 1 4 9 5 0 8 8 2 3 3
```

NUMBER PUZZLE #56

```
6 9 7 7 4 8 5 4 2 1 8 6 8 2 5
6 2 8 0 9 2 9 7 7 6 0 9 6 8 6
6 1 6 3 2 4 1 2 0 2 1 8 9 4 5
5 6 9 3 2 2 3 8 4 9 8 7 5 7 1
9 5 0 9 8 0 3 0 3 2 4 8 0 7 3
3 3 4 2 9 9 3 5 2 8 0 5 3 7 1
6 8 2 9 5 3 5 5 3 6 6 4 6 7 2
4 8 5 7 0 4 6 1 7 3 9 2 7 4 2
1 1 3 2 9 8 3 4 9 7 8 4 2 0 0
8 3 9 8 1 8 2 5 1 5 0 8 0 6 6
2 0 9 4 3 7 1 4 9 2 7 1 5 1 3
3 0 6 7 7 7 3 3 2 6 4 3 5 9 2
5 8 4 3 8 9 5 4 6 5 6 8 3 1 9
9 2 3 3 0 0 3 2 1 5 7 1 0 8 4
7 6 3 7 3 3 5 9 1 3 6 3 8 9 3
```

1363
74061
651312
5709456
35549890
233003215
8320357701
84389546568
593641823597
7022353388599
1707
52173
999364
8924204
54908242

NUMBER PUZZLE #57

1277
79533
564299
4905769
30710302
166385141
7772846733
79389802187
618124531600
6363071741521
566093585
8892979579
71770509581
471228283582
9112512728383

```
4 7 4 1 6 6 3 8 5 1 4 1 6 5 9
9 9 3 5 8 8 3 1 5 6 8 3 5 4 7
9 1 2 7 7 8 7 0 5 6 6 3 7 5 7
0 1 1 1 1 6 9 6 7 3 4 1 6 0 9
0 6 6 2 3 7 6 2 0 1 2 2 4 8 3
7 8 7 7 5 0 7 7 9 2 0 5 9 7 8
5 7 3 7 9 1 1 0 8 7 0 3 4 9 9
9 3 7 3 1 7 2 2 5 0 9 9 0 5 8
9 2 5 2 4 6 8 7 3 0 0 5 2 2 0
2 8 8 1 8 3 0 0 2 5 9 8 7 6 2
5 3 5 7 5 4 6 3 7 8 3 5 9 9 1
9 2 0 8 9 5 6 6 1 9 3 6 8 5 8
1 7 2 9 9 3 9 7 3 4 2 8 6 1 7
9 0 7 9 5 3 3 3 3 9 5 8 3 6 3
1 6 6 1 8 1 2 4 5 3 1 6 0 0 5
```

NUMBER PUZZLE #58

```
7 9 3 1 0 0 1 8 1 6 4 4 0 8 8
9 4 1 0 2 0 8 2 6 3 9 1 7 4 5
4 7 9 1 5 7 4 9 2 5 2 8 2 9 3
2 7 5 1 7 5 9 3 7 6 2 5 2 6 9
7 2 5 9 0 2 0 1 7 1 5 0 5 4 4
9 8 8 1 3 4 0 5 7 2 8 0 3 2 7
3 6 0 1 7 9 6 7 0 0 7 5 3 6 2
5 7 4 3 9 0 0 5 7 8 0 6 5 0 1
0 4 9 1 0 8 6 4 4 4 7 2 7 7 0
9 8 5 1 0 2 9 3 9 4 1 2 6 2 3
2 8 3 1 9 6 0 7 8 4 4 7 5 3 8
5 2 1 6 4 4 8 7 3 5 6 8 3 9 5
0 0 2 2 4 9 9 4 7 5 5 1 1 6 9
9 6 5 9 4 7 9 9 7 6 9 1 1 0 8
2 2 8 5 3 6 1 5 5 1 6 1 6 3 6
```

1191
85005
477286
4102082
25870714
210385986
7225335765
74390057806
642607239603
5703790094443
499475511
9427935092
79310018164
495710991585
9659479976911

NUMBER PUZZLE #59

1105
90477
390273
3298395
21031126
254386831
6677824797
69390313425
667089947606
5044508447365
5929
66204
292305
2981121
41661370

```
1 6 6 4 0 6 7 2 4 2 7 6 1 5 9
7 8 2 5 4 3 8 6 8 3 1 0 1 0 9
3 5 4 1 1 1 3 2 0 7 7 3 3 4 6
5 6 1 1 3 9 2 2 1 1 0 5 9 4 2
6 9 6 6 6 1 0 9 9 7 3 6 0 5 1
7 6 0 7 9 6 8 4 2 8 9 5 2 0 0
6 6 7 9 0 1 1 5 7 3 3 3 7 8 3
6 7 6 7 0 8 7 3 9 7 0 9 3 4 1
2 1 5 2 8 5 9 0 7 0 5 5 5 4 1
0 8 1 4 3 2 3 9 7 0 2 8 8 7 2
4 7 2 8 9 1 4 3 4 6 6 5 7 3 6
5 0 0 6 3 0 4 7 8 7 8 7 3 6 7
0 5 2 4 5 9 2 9 9 5 6 9 7 5 3
6 8 2 9 8 1 1 2 1 7 8 0 2 6 1
9 5 8 1 7 1 3 6 8 1 2 7 6 6 2
```

NUMBER PUZZLE #60

```
0 7 1 4 3 2 1 6 1 9 1 5 3 8 3     1019
8 5 3 2 9 5 9 4 9 1 3 2 6 7 3     95949
6 0 4 9 4 3 5 9 9 0 9 5 4 4 0     303260
9 6 7 8 4 9 3 2 3 6 6 8 3 2 3     2494708
1 4 3 3 0 8 4 2 0 5 0 8 9 7 6     16191538
5 9 9 8 2 3 6 7 6 2 5 2 0 7 4     298387676
7 2 6 7 4 0 6 2 0 2 3 1 5 7 6     6130313829
2 3 2 6 0 9 6 9 2 8 1 8 6 5 3     64390569044
6 8 3 7 6 4 0 6 1 7 6 5 9 8 9     691572655609
5 7 9 6 5 4 8 3 3 1 1 6 0 3 3     4385226800287
5 2 6 1 3 0 3 1 3 8 2 9 4 7 6     6911
6 5 2 8 0 9 4 7 8 1 1 4 4 0 9     60255
0 3 9 2 3 4 6 6 6 2 4 0 4 1 6     346662
9 3 8 3 4 2 4 3 4 8 2 3 1 1 8     3303646
8 7 7 5 9 2 0 9 1 4 8 1 3 9 9     49238725
```

NUMBER PUZZLE #61

2001
90000
216247
1691021
11351950
342388521
5582802861
59390824663
716055363612
3725945153209
7893
54306
401019
3626171
56816080

```
5 8 2 8 7 2 0 7 0 4 1 0 7 0 4
5 7 3 1 9 4 5 4 6 1 6 3 8 8 0
8 5 3 7 8 7 3 7 3 9 8 4 3 4 5
2 9 8 0 2 3 8 5 0 6 6 2 5 3 5
8 3 5 2 3 5 1 9 3 6 1 8 4 4 6
0 9 1 5 2 9 9 2 3 6 7 2 3 2 8
2 0 6 5 5 5 9 4 2 8 3 2 0 7 1
8 8 9 0 6 8 5 4 5 8 9 0 6 3 6
6 2 1 4 0 3 7 4 8 1 1 3 8 6 0
1 4 0 8 0 9 7 5 8 0 5 4 0 6 8
8 6 2 0 0 1 2 3 2 1 5 3 1 2 0
0 6 1 0 5 1 4 1 4 0 2 3 2 9 5
9 3 0 3 5 3 6 2 6 1 7 1 9 0 9
8 0 7 1 6 0 5 5 3 6 3 6 1 2 9
0 1 8 0 6 4 0 1 0 1 9 8 0 5 4
```

NUMBER PUZZLE #62

```
3 2 4 5 0 1 3 8 7 8 7 9 7 3 1
2 0 1 3 5 4 6 2 4 4 3 4 8 8 7
1 2 7 0 6 3 1 2 9 2 3 4 9 8 8
1 6 3 6 7 4 3 0 4 6 4 2 3 7 6
0 4 4 6 4 4 2 8 9 5 9 0 4 5 9
3 3 4 6 3 0 2 5 6 3 8 0 7 4 6
6 9 5 6 9 4 4 6 0 3 5 4 4 6 9
5 3 6 3 4 8 8 5 3 3 8 5 0 2 6
3 4 8 5 8 1 1 3 8 5 5 9 9 5 3
9 3 3 0 6 4 1 0 5 3 2 8 3 1 1
2 5 3 6 9 0 7 7 7 3 8 2 6 2
8 4 1 1 6 1 4 6 2 9 1 1 8 0 6
9 8 5 3 6 9 0 7 9 2 8 2 9 4 9
4 6 2 1 5 0 3 5 2 9 1 8 9 3 4
0 1 5 5 4 3 9 1 0 8 0 2 8 2 6
```

2983
84051
129234
2013546
18929305
386389366
5035291893
54391080282
740538071615
3066663506131
8875
48357
455376
3948696
64393435

NUMBER PUZZLE #63

3965
78102
183591
2336071
26506660
430390211
4487780925
49391335901
765020779618
2407381859053
518391901
3392758989
39391847139
813986195624
1088818564897

```
5 7 4 4 0 7 3 1 5 5 1 3 4 3 8
7 2 3 6 9 1 7 1 8 5 0 3 2 1 7
8 2 7 4 8 3 8 4 6 8 8 4 3 2 3
1 0 4 3 3 3 9 2 1 3 8 9 2 3 9
0 4 5 0 9 0 6 1 3 4 8 3 7 3 3
2 9 4 1 7 5 6 9 3 6 1 6 5 6 9
1 1 9 8 0 3 2 1 1 3 8 0 2 0 1
2 0 7 6 7 7 8 9 1 3 5 0 4 7 8
1 1 6 4 5 7 5 1 6 9 6 9 2 1 4
0 6 9 8 5 6 8 2 8 6 4 7 0 6 7
0 4 9 3 2 8 9 0 6 5 8 4 7 1 1
6 8 8 4 8 4 2 6 9 3 9 0 6 3 3
9 5 3 4 6 3 0 6 9 2 7 0 7 8 9
4 3 0 3 9 0 2 1 1 1 5 3 5 2 3
0 7 6 5 0 2 0 7 7 9 6 1 8 3 1
```

NUMBER PUZZLE #64

```
8 4 4 0 8 9 8 1 2 2 8 7 1 7 6
3 3 4 0 8 4 0 1 5 8 3 7 4 2 2
4 4 4 3 5 4 9 0 8 1 4 0 5 8 3
3 2 7 2 9 6 9 8 1 8 5 6 8 4 7
9 7 1 4 9 1 5 4 1 2 2 5 7 5 9
2 2 6 7 3 0 5 0 7 3 2 8 9 2 4
1 1 5 5 4 9 0 9 9 1 6 0 0 4 8
0 5 0 8 5 2 1 2 1 6 9 7 0 8 2
2 3 2 1 1 5 7 0 1 5 5 5 5 0 2
7 6 4 1 3 4 7 7 5 4 2 6 1 2 3
5 0 9 2 6 5 8 5 9 6 0 0 9 1 6
8 7 4 7 8 9 5 0 3 4 8 7 6 2 1
5 1 6 3 0 9 4 8 9 5 1 0 9 9 1
3 9 4 0 2 6 9 9 5 7 1 2 7 2 8
2 6 8 3 8 4 6 8 9 0 3 6 2 7 4
```

4947
72153
237948
2658596
34084015
474391056
3940269957
44391591520
789503487621
1748100211975
562392746
2845248021
34392102758
838468903627
1630948951099

NUMBER PUZZLE #65

9857
42408
509733
4271221
71970790
694395281
1202715117
19392869615
911917027636
3257340109705
606393591
2297737053
29392358377
862951611630
2173079337301

```
2 1 8 6 2 9 5 1 6 1 1 6 3 0 2
9 1 3 2 5 7 3 4 0 1 0 9 7 0 5
1 1 7 2 4 1 2 0 2 7 1 5 1 1 7
1 9 2 3 4 2 1 9 4 5 0 6 2 5 6
9 3 6 2 0 9 4 7 0 5 5 6 0 0 7
1 9 0 2 9 7 8 0 0 3 6 9 8 0 8
7 2 6 7 4 7 9 9 8 9 9 4 8 4 2
0 8 3 2 1 2 7 3 4 2 7 1 2 2 1
2 6 9 9 1 3 8 3 3 0 8 4 9 7 9
7 9 3 5 3 2 9 5 7 7 6 8 3 1
6 6 5 0 0 5 9 8 2 0 3 3 5 7 9
3 1 9 4 2 6 9 7 4 4 5 0 7 0 7
6 5 1 8 3 4 2 7 8 1 4 3 1 4 2
8 6 1 6 7 7 1 9 7 0 7 9 0 8 6
3 2 9 3 9 2 3 5 8 3 7 7 2 3 8
```

NUMBER PUZZLE #66

```
7 6 2 2 1 8 4 9 2 5 8 5 6 5 5
6 8 4 4 7 1 2 1 6 2 6 1 0 4 0
6 9 3 6 2 2 4 5 7 1 6 6 0 9 3
1 3 0 0 4 1 2 4 0 8 8 1 5 1 8
5 1 9 0 1 3 1 5 9 4 5 4 5 0 8
7 3 0 7 1 6 9 2 1 4 1 8 6 4 9
3 8 9 1 1 8 8 6 9 6 9 4 6 3 5
8 1 0 3 2 6 3 7 9 1 3 8 2 7 2
5 3 0 2 5 7 9 9 3 1 2 1 9 5 9
3 6 3 4 6 2 6 8 4 9 4 0 8 2 3
8 2 1 4 7 4 4 9 8 5 7 7 3 7 5
6 6 6 9 6 6 3 4 1 9 5 1 8 6 9
1 5 8 6 7 8 8 6 8 9 0 6 8 1 6
9 5 2 8 8 7 0 3 7 0 6 7 4 0 6
8 0 3 8 4 8 7 1 0 4 9 9 9 1 6
```

3100
90031
639716
5790798
57385386
622184925
8468298487
64396914781
844712162610
9001839455641
497927985
2245716609
11012769196
803848710499
3158913846783

NUMBER PUZZLE #67

3450
82959
470297
5246818
62056261
675158557
9015883065
59672696939
904163538931
8218504409107
439177027
1797707791
20093819489
650573288644
3632218179311

```
5 9 6 7 2 6 9 6 9 3 9 2 4 1 3
9 8 5 7 7 1 1 7 5 5 0 4 4 1 6
0 0 2 0 5 8 6 5 6 0 1 9 3 7 3
1 5 4 1 7 1 4 6 9 7 0 5 9 9 2
5 4 6 4 8 4 5 3 7 4 9 8 1 7 2
8 7 8 4 6 5 8 8 1 3 2 3 7 7 1
8 0 1 7 5 1 0 6 5 9 4 4 7 0 8
3 2 8 8 9 5 3 4 5 5 8 6 0 7 1
0 9 3 4 2 5 0 9 4 0 7 7 2 7 7
6 7 8 4 3 6 4 8 4 0 3 7 7 9 9
5 9 9 8 5 3 7 3 0 4 9 6 7 1 3
9 3 9 8 0 0 7 2 6 7 1 8 6 1
2 3 6 2 0 5 6 2 6 1 0 7 0 7 1
1 6 3 3 2 6 9 2 9 5 2 1 8 7 1
1 6 5 0 5 7 3 2 8 8 6 4 4 7 0
```

NUMBER PUZZLE #68

```
1 7 2 8 1 3 2 1 8 9 6 3 2 9 4     3800
9 4 4 4 4 3 7 8 7 6 8 9 9 5 7     75887
5 5 1 9 4 5 9 1 7 0 4 5 6 8 4     300878
6 2 3 2 8 6 8 2 4 5 3 4 3 7 3     4702838
3 3 1 8 3 0 7 2 6 7 3 9 6 7 5     66727136
4 2 7 3 0 1 6 8 7 6 4 4 1 3 1     728132189
6 0 0 2 3 0 9 6 1 3 4 8 4 0 6     9563467643
7 8 0 6 6 9 4 6 0 8 8 4 9 1 9     54948479097
6 7 9 9 4 7 0 2 8 3 8 7 1 4 3     963614915252
4 9 7 2 9 7 8 6 6 7 8 9 5 2 6     7435169362573
3 0 0 8 7 8 9 6 2 9 1 0 2 6 2     380426069
2 9 1 7 4 8 6 9 7 8 2 9 5 3 5     1349698973
6 3 1 0 7 1 9 4 6 5 9 7 2 6 7     29174869782
4 1 3 4 9 6 9 8 9 7 3 8 1 0 3     497297866789
5 4 1 0 5 5 2 2 5 1 1 8 3 9 5     4105522511839
```

NUMBER PUZZLE #69

4150
68815
131459
4158858
71398011
781105821
9008374755
50224261255
899910983903
6651834316039
321675111
1897283551
38255920075
344022444934
4578826844367

```
7 8 5 0 2 2 4 2 6 1 2 5 5 3 2
2 9 5 9 8 4 3 5 9 8 2 3 3 8 8
7 9 4 3 9 3 9 3 5 6 9 5 7 2 1
1 9 5 4 4 7 9 5 8 6 5 8 9 5 8
9 1 7 7 8 4 9 1 0 5 1 5 4 5 9
0 0 8 5 5 3 0 4 8 1 5 0 1 9 7
0 9 8 3 2 2 5 2 0 8 5 1 5 2 2
8 8 2 2 7 7 4 5 2 3 8 9 8 0 8
3 3 6 1 0 5 8 6 4 4 1 6 8 0 3
7 9 8 6 0 2 6 5 8 3 4 3 5 7 5
4 0 4 7 1 6 3 4 1 1 6 4 8 5 5
7 3 4 5 5 1 1 4 7 6 7 8 9 8 1
5 8 3 1 8 5 5 0 7 0 9 0 8 3 0
5 5 6 1 0 9 5 1 9 3 5 8 8 1 4
1 1 7 1 5 5 7 1 3 9 8 0 1 1 5
```

NUMBER PUZZLE #70

```
1 3 6 7 9 3 3 1 0 1 4 9 8 3 0
5 9 7 2 6 4 9 4 8 5 0 3 5 7 6
7 8 8 7 8 0 4 8 5 3 6 1 0 6 4
2 1 6 7 4 5 6 0 0 2 5 1 5 1 7
8 4 1 8 0 4 0 8 0 3 8 9 2 7 3
2 8 4 0 4 0 3 7 8 4 6 0 1 4 3
3 6 0 4 4 9 0 8 5 8 7 7 3 3 6
8 1 2 3 8 5 9 3 6 1 6 4 1 3 9
8 0 4 9 2 6 2 2 5 1 6 7 1 6 7
6 1 6 5 2 8 8 9 6 6 0 0 7 1 0
3 4 5 7 1 4 8 1 1 9 0 2 6 4 3
9 4 6 8 4 2 1 8 2 0 5 3 8 8 6
6 9 6 5 0 3 2 5 3 9 9 0 9 7 8
9 7 1 9 8 3 9 2 3 9 4 7 5 8 4
7 8 3 4 0 7 9 4 5 3 0 9 5 9 4
```

4500
61743
198392
3614878
76068886
834079453
8453281867
45500043413
836207052554
5868499269505
262924153
2444868129
47336970368
190747023079
5052131176895

NUMBER PUZZLE #71

4850
54671
265325
3070898
80739761
887053085
7898188979
40775825571
772503121205
5085164222971
7434
19400
648803
9732992
16191839

```
3 8 5 7 3 1 8 8 7 0 5 3 0 8 5
9 4 0 7 7 5 8 2 5 5 7 1 6 6 9
2 8 1 3 9 6 9 5 3 1 8 4 4 1 9
4 5 5 2 7 2 7 0 5 6 0 8 8 3 2
1 0 4 7 4 8 3 8 3 0 8 8 1 5 8
5 9 4 6 1 7 2 5 7 0 4 8 6 5 0
8 3 4 2 7 9 9 1 3 7 2 9 1 2 7
4 6 5 0 4 1 9 6 6 4 5 1 9 6 3
0 7 3 1 0 4 2 4 8 0 3 5 1 5 9
7 7 2 5 0 3 1 2 1 2 0 5 8 3 7
2 1 8 3 5 7 3 2 8 5 7 0 3 2 6
2 4 4 9 5 5 7 2 3 8 0 6 9 5 1
7 8 9 8 1 8 8 9 7 9 8 4 2 1 8
1 4 9 6 0 4 5 7 3 1 9 4 6 9 5
3 7 1 2 1 6 2 1 9 8 8 8 9 2 0
```

NUMBER PUZZLE #72

```
9 0 6 6 6 2 6 4 8 5 2 0 0 0 5     5200
4 8 8 3 9 1 3 5 2 6 7 1 3 8 2     47599
0 4 3 0 1 8 2 9 1 7 6 4 3 7 2     332258
0 9 6 7 7 5 0 4 2 6 4 8 5 0 1     2526918
2 7 5 3 6 0 5 1 6 0 7 7 2 9 8     85410636
6 7 0 8 7 9 9 1 8 9 8 5 6 8 1     940026717
7 8 6 8 6 9 3 2 8 0 8 1 8 4 9     7343096091
1 9 7 0 2 5 8 5 8 1 0 6 5 1 2     36051607729
7 8 2 6 2 6 4 1 9 7 8 5 6 8 4     708799189856
2 5 2 6 9 1 8 4 8 4 7 4 4 4 1     4301829176437
1 1 0 7 0 7 4 7 6 5 7 1 8 6 1     6662
4 3 7 6 3 3 3 2 2 5 8 1 9 7 9     20051
3 3 3 2 9 0 5 3 9 1 2 5 4 2 0     607967
7 6 0 7 9 6 7 9 8 9 2 0 0 5 1     8839135
7 3 4 3 0 9 6 0 9 1 5 4 5 0 8     21819241
```

NUMBER PUZZLE #73

5550
40527
399191
1982938
90081511
993000349
6788003203
31327389887
645095258507
3518494129903
5890
20702
567131
7945278
27446643

```
2 1 1 7 6 7 4 5 7 9 8 2 1 3 5
7 6 6 4 9 9 0 0 0 1 5 9 5 1 5
4 9 3 0 7 6 0 9 5 4 3 1 6 6 5
4 9 3 1 0 7 0 0 7 2 8 9 7 6 0
6 3 4 9 3 4 9 1 8 4 7 8 5 5 9
6 0 0 7 7 2 3 4 9 1 8 0 3 8 1
4 0 7 2 1 9 7 4 5 0 5 9 9 9 9
3 0 3 1 5 8 1 3 0 2 4 1 9 0 8
5 3 4 0 8 2 4 3 8 1 7 7 1 4 2
1 4 6 6 9 2 2 7 3 9 5 8 9 8 9
2 9 2 9 9 0 8 9 8 2 8 6 1 7 3
5 2 0 8 3 1 4 9 7 5 0 8 1 0 8
7 3 7 3 5 6 7 1 3 1 1 7 7 0 5
1 8 6 4 5 0 9 5 2 5 8 5 0 7 9
2 5 8 5 9 5 4 7 0 5 5 8 9 2 1
```

NUMBER PUZZLE #74

```
1 6 4 2 2 7 9 7 1 7 1 3 9 8 3
1 2 3 7 1 1 9 4 5 9 2 8 5 3 3
5 3 3 3 9 3 3 5 7 6 6 8 5 4 0
2 2 7 5 2 8 4 5 3 5 6 5 1 2 7
4 9 0 1 9 9 6 8 3 9 0 9 1 6 4
1 1 7 5 0 4 6 5 8 2 3 6 8 7 0
5 0 8 9 7 7 1 5 7 3 1 6 9 8 4
3 3 8 0 5 5 2 2 2 8 7 3 3 8 5
3 1 0 8 4 2 4 6 8 5 2 1 5 9 7
4 5 7 3 8 3 1 2 5 9 0 0 1 7 0
5 6 2 3 2 8 4 9 4 1 4 2 3 8 5
5 2 8 6 5 6 0 5 0 8 5 5 2 9 1
1 8 2 9 3 0 5 3 2 6 1 3 6 5 4
5 6 5 8 1 3 9 1 3 2 7 1 5 8 2
4 9 2 3 2 4 5 2 9 1 4 8 8 0 1
```

5900
33455
466124
1438958
94752386
923859186
6232910315
26603172045
581391327158
2735159083369
5118
21353
526295
7051421
33074045

NUMBER PUZZLE #75

6250
26383
533057
2031389
99423261
854718023
5677817427
21878954203
517687395809
1951824036835
4346
22004
485459
6157564
38701447

```
2 6 4 4 8 5 4 5 9 7 2 0 9 3 6
1 5 6 7 7 8 1 7 4 2 7 2 6 4 4
8 8 3 1 0 8 7 5 2 3 0 4 1 2 7
7 7 1 2 7 3 2 6 8 2 9 9 6 5 7
8 0 6 0 0 7 4 6 2 9 5 3 5 3 3
9 6 0 3 8 2 5 3 4 1 8 5 7 3 8
5 9 0 1 9 8 5 2 8 3 7 0 3 0 7
4 6 4 3 4 6 3 2 2 5 4 8 3 5 0
2 0 9 8 0 2 4 6 2 5 0 1 5 7 1
0 0 9 9 6 0 4 1 6 1 5 7 5 6 4
3 3 8 1 3 2 5 8 6 6 1 6 0 6 4
3 5 8 6 8 5 4 7 1 8 0 2 3 5 7
4 4 8 4 1 0 4 9 5 2 1 5 8 5 5
5 3 9 2 9 8 4 2 4 2 2 0 0 4 4
5 1 7 6 8 7 3 9 5 8 0 9 8 4 0
```

NUMBER PUZZLE #76

```
2 3 1 7 0 6 1 0 3 2 1 4 1 4 1
0 1 9 7 2 4 7 7 6 5 5 5 4 4 9
7 3 1 6 1 1 8 2 2 3 5 3 9 5 7
8 3 2 6 9 5 3 5 9 8 2 5 8 9 1
5 8 6 0 8 8 4 8 2 8 2 7 8 9 9
5 5 9 3 2 4 3 7 8 6 8 4 7 9 3
7 3 1 0 8 4 8 4 3 5 3 4 3 9 1
6 6 4 2 6 6 9 8 9 6 7 7 8 0 1
8 1 4 4 2 2 7 2 9 2 3 4 0 8 5
6 5 4 8 8 7 0 8 9 9 5 6 4 7 4
0 6 2 7 1 1 2 6 5 7 0 6 1 4 0
0 6 7 2 8 3 2 4 5 8 6 3 4 7 3
6 1 4 3 6 4 4 1 5 0 9 6 0 5 7
0 2 5 6 0 5 8 4 0 3 2 9 0 1 5
2 9 3 0 8 4 5 9 1 3 9 1 8 4 9
```

6600
19311
599990
2623820
92018359
785576860
5122724539
17154736361
453983464460
1168488990301
3574
22655
444623
5263707
44328849

NUMBER PUZZLE #77

6950
12239
666923
3216251
84613457
716435697
4567631651
12430518519
390279533111
1703980322331
2802
23306
403787
4369850
49956251

```
8 1 6 2 7 8 5 8 0 5 7 7 5 1 5
4 8 1 1 5 1 2 4 3 9 1 5 8 4 3
5 6 7 4 2 4 6 8 0 8 3 6 0 9 7
6 6 0 8 3 4 5 4 1 3 1 7 0 2 2
7 6 3 4 9 6 3 8 3 4 7 2 8 2 8
6 9 9 6 4 4 9 0 2 5 7 8 6 4 0
3 2 8 1 5 0 1 8 5 9 6 6 7 7 2
1 3 0 3 0 2 6 6 5 1 2 9 7 6 4
6 7 3 4 1 2 9 3 9 0 8 5 7 9 1
5 5 2 5 0 5 3 3 2 6 9 5 9 8 2
1 0 2 7 0 1 3 7 8 9 5 5 1 1 2
2 9 3 8 1 2 3 3 0 6 6 0 4 9 3
9 9 3 1 4 3 7 2 2 2 9 9 3 7 9
1 2 1 5 2 4 8 2 5 9 7 9 6 8 3
9 5 1 8 5 8 4 1 3 2 1 6 2 5 1
```

NUMBER PUZZLE #78

```
6 6 4 7 2 9 4 5 3 4 3 4 1 5 1
9 7 8 4 2 1 3 1 4 8 0 7 8 0 7
3 8 1 2 8 9 0 4 8 5 1 4 2 2 7
8 7 3 3 8 5 6 6 5 8 8 3 2 4 3
0 4 1 2 8 2 1 5 0 7 2 8 3 0 0
8 8 3 8 0 9 8 0 4 6 5 3 9 1 0
6 6 1 2 2 3 8 9 5 4 7 0 4 2 3
8 1 7 3 6 8 8 7 2 9 7 0 7 5 7
2 3 9 5 8 6 5 2 9 3 2 2 1 3 6
8 5 3 9 7 6 3 2 4 4 0 0 6 8 6
7 0 0 2 0 2 6 0 5 7 8 2 5 7 2
3 1 0 1 8 9 2 3 9 5 5 3 4 6 9
3 6 7 1 8 7 9 0 9 9 5 6 3 3 6
6 6 0 1 8 5 5 5 1 9 5 8 6 8 2
2 5 3 2 1 3 1 0 5 3 9 3 1 5 6
```

7300
12890
733856
3808682
77208555
647294534
4012538763
18008889013
326575601762
2239471654361
2030
23957
362951
3475993
55583653

NUMBER PUZZLE #79

8909
36459
564090
4593746
79548145
738396126
1629759671
14393125234
936399735639
3799470495907
650394436
1750226085
24392613996
887434319633
2715209723503

```
1 7 5 0 2 2 6 0 8 5 8 9 7 3 1
2 7 2 6 2 4 8 1 2 7 7 9 3 3 4
8 7 0 9 9 4 1 5 3 1 4 9 7 8 3
8 8 1 4 3 1 3 8 6 6 2 9 4 9 9
8 8 7 5 9 6 3 9 5 4 9 7 2 0 3
7 3 8 5 2 9 3 0 2 4 0 2 8 9 1
4 1 7 3 6 0 3 9 7 6 7 9 3 3 2
3 8 2 1 3 9 9 0 9 2 1 7 0 4 5
4 6 2 4 4 3 4 7 7 7 9 3 5 4 2
3 6 4 4 6 9 1 3 2 5 3 9 9 6 3
1 3 3 5 5 9 7 6 4 3 3 5 6 9 4
9 6 7 9 9 7 3 8 8 7 5 9 6 7 6
6 5 0 9 4 3 1 4 4 1 9 0 3 3 5
3 7 3 8 5 4 2 6 0 7 8 2 3 0 9
3 4 9 1 5 1 6 2 9 7 5 9 6 7 1
```

NUMBER PUZZLE #80

```
1 3 4 6 1 8 4 4 7 7 1 2 4 3 7
7 4 2 1 1 2 3 8 0 3 7 3 1 7 4
3 8 9 6 2 0 6 3 7 1 4 8 9 5 4
2 0 2 0 3 5 2 8 1 1 7 3 6 5 1
9 0 5 3 7 9 0 5 6 9 2 2 0 3 1
1 1 8 1 9 7 6 0 6 0 0 0 8 2 3
3 8 9 1 0 6 0 1 0 8 9 3 8 0 8
4 0 8 4 8 8 9 3 4 3 2 5 2 5 7
7 9 1 8 0 8 7 6 5 6 8 4 6 1
1 8 1 2 4 1 6 0 1 8 6 6 4 8 2
5 8 1 6 9 8 0 9 8 7 5 6 3 0 5
1 0 1 8 2 7 3 5 2 5 4 5 6 4 5
9 6 4 1 3 7 5 2 4 8 3 1 4 2 0
8 9 4 5 2 7 1 8 4 6 0 2 2 2 0
5 6 6 3 4 1 6 9 6 9 6 7 5 5 4
```

7961
30510
618447
4916271
87125500
782396971
2056804225
20038198495
960882443642
4341600882109
4169
21123
835875
6206371
80692807

NUMBER PUZZLE #81

7013
24561
672804
5238796
94702855
826397816
2483848779
25683271756
985365151645
4883731268311
3221
29583
890232
6528896
76022791

```
4 6 5 6 1 9 7 3 8 1 8 5 4 6 4
4 1 0 0 8 0 6 6 7 0 4 7 5 7 8
9 8 5 3 6 5 1 5 1 6 4 5 5 2 8
6 6 7 2 8 0 4 2 1 4 7 8 4 5 3
1 4 5 7 6 0 2 2 7 9 1 7 8 6 7
2 1 5 6 5 2 8 8 9 6 8 9 7 8 3
4 4 9 6 2 2 2 9 5 8 3 4 2 3 1
4 0 8 4 5 2 3 8 7 9 6 6 3 2 2
3 1 8 3 7 0 4 4 3 9 3 3 2 7 6
7 4 9 7 8 0 3 4 8 9 0 6 2 1 8
8 4 0 7 5 4 2 4 7 7 0 2 1 7 3
9 8 2 0 1 1 8 8 9 4 3 5 7 5 1
8 9 3 1 3 5 1 7 5 3 7 0 8 6 1
4 8 2 3 0 6 1 6 7 5 0 7 3 6 4
6 0 7 4 2 4 5 6 1 9 9 1 0 2 3
```

NUMBER PUZZLE #82

```
3 6 0 9 4 4 5 8 9 8 2 9 5 5 1
3 2 2 8 4 5 6 2 2 6 2 6 0 6 5
3 1 4 6 8 5 1 4 2 1 9 8 6 0 8
1 4 1 5 7 0 5 0 1 9 1 9 7 1 7
3 8 8 1 2 2 5 7 2 7 1 6 1 0 0
2 9 3 1 0 3 8 9 4 8 9 5 9 1 3
8 5 4 2 5 8 6 1 6 5 4 5 1 3 9
3 2 7 1 0 3 5 7 0 5 7 2 0 1 8
4 3 2 0 8 5 4 8 1 7 7 0 1 4 6
5 9 4 0 6 6 4 6 0 3 8 7 7 6 6
0 2 4 1 6 6 1 7 9 3 5 8 1 1 1
1 3 3 8 7 6 5 2 2 7 3 2 4 5 5
7 2 4 3 9 9 5 5 9 0 6 9 7 0 9
1 9 0 0 3 2 8 3 9 7 7 0 8 7 2
9 1 0 5 2 9 1 0 8 9 3 3 3 3 5
```

6065
18612
727161
5561321
90032839
870398661
2910893333
31328345017
931038948959
5425861654513
2273
38043
944589
6851421
71352775

NUMBER PUZZLE #83

5117
12663
781518
5883846
85362823
914399506
3337937887
36973418278
876712746273
5967992040715
1325
46503
998946
7173946
66682759

```
3 6 9 5 7 2 2 3 7 5 4 7 2 3 5
9 6 1 0 8 6 3 8 9 1 8 8 7 3 2
3 6 4 7 6 8 1 9 6 1 2 8 7 3 8
6 8 3 9 6 5 8 2 0 7 0 6 1 7 3
5 2 9 6 1 9 0 4 6 5 0 3 6 9 7
6 7 9 8 4 6 8 5 3 6 2 8 2 3 8
8 5 5 6 7 8 9 5 9 7 2 0 4 7 3
5 9 0 5 8 8 3 8 4 6 1 2 4 8 1
8 9 6 5 3 8 3 2 9 1 4 5 2 8 3
3 1 8 3 0 6 7 4 3 1 4 8 9 7 2
1 3 5 9 6 7 9 9 2 0 4 0 7 1 5
9 7 9 2 7 1 7 3 9 4 6 1 3 1 3
3 6 9 7 3 4 1 8 2 7 8 6 1 7 4
9 8 3 4 5 4 5 0 0 3 7 3 4 0 5
2 6 3 8 7 6 7 1 2 7 4 6 2 7 3
```

NUMBER PUZZLE #84

```
7 4 2 6 1 8 4 9 1 5 3 9 1 6 4
8 6 1 3 8 7 7 7 6 9 2 2 0 9 9
7 5 4 6 7 6 9 7 7 2 8 2 8 8 2
4 1 7 3 5 1 2 0 3 7 3 5 2 7 9
0 0 7 3 3 3 8 6 9 7 3 2 5 5 3
4 1 6 8 7 3 5 1 6 4 3 6 7 4 4
4 2 3 0 7 4 2 4 3 8 9 3 5 2 8
0 2 9 1 0 8 9 6 6 3 3 1 8 1 7
1 4 7 1 7 8 6 5 7 3 8 8 8 3 5
5 2 0 8 2 8 4 5 5 9 8 8 6 6 4
5 6 0 4 8 3 7 5 7 0 7 5 7 1 8
0 9 4 8 5 4 0 0 3 1 5 3 5 3 7
9 1 8 8 4 0 7 9 4 2 5 6 1 1 9
5 7 7 8 1 9 5 8 4 0 0 3 5 1 9
5 8 1 0 8 7 7 7 9 0 7 7 6 2 7
```

5810
88803
542136
8786571
43332679
348754879
7181338873
87779077627
387776922099
8840794256119
958400351
3764982441
42618491539
822386543587
6510122426917

NUMBER PUZZLE #85

6707
97263
450774
9109096
38662663
272549195
7608383427
93424150888
333450719413
8379739012114
882194667
4192026995
48263564800
768060340901
7052252813119

```
7 6 0 8 3 8 3 4 2 7 4 1 7 0 4
3 6 9 4 1 9 2 0 2 6 9 9 5 0 2
1 8 4 3 5 5 5 1 6 1 8 9 8 6 7
7 7 3 5 3 3 4 0 1 8 9 9 7 0 2
6 4 4 7 4 3 9 5 2 7 3 0 5 2 5
8 5 8 4 9 7 4 1 0 4 7 2 8 9 4
0 6 8 2 1 7 9 5 2 7 2 1 1 2 9
6 1 3 1 6 4 3 4 0 5 7 0 6 8 1
0 8 5 8 6 3 1 9 2 7 9 4 9 4 9
3 6 4 6 6 5 5 8 0 0 1 9 8 6 5
4 4 7 9 0 6 1 6 9 1 4 9 1 2 9
0 1 2 8 4 3 2 6 4 4 2 3 4 7 3
9 5 8 3 1 6 0 6 9 8 2 1 2 1 3
0 8 3 1 0 4 9 8 6 8 0 6 1 1 3
1 7 9 3 6 9 6 3 9 3 3 0 5 4 9
```

NUMBER PUZZLE #86

```
6 5 6 3 4 4 1 7 4 8 6 7 8 8 4
1 9 6 3 4 3 5 1 1 7 3 5 0 4 3
7 3 3 9 2 0 4 0 7 5 9 9 3 6 0
1 8 8 9 5 3 8 3 9 2 4 4 5 1 2
3 0 7 2 3 9 6 4 6 6 1 3 4 9 7
7 6 8 6 9 7 1 3 9 8 2 8 2 0 9
3 2 0 4 0 2 5 1 0 9 8 3 7 7 1
4 7 5 7 8 4 0 1 7 0 3 1 9 1 2
1 9 9 0 6 9 2 2 4 1 4 9 8 5 4
3 5 8 1 3 8 8 8 9 7 8 9 1 4 5
8 4 8 0 8 7 9 7 7 0 3 3 8 9 1
2 7 9 6 0 9 4 3 2 5 1 2 0 3 6
1 0 8 3 6 6 2 8 1 8 1 1 9 6 7
5 6 3 3 1 5 3 9 4 3 1 6 2 1 2
9 7 9 1 8 6 8 3 7 6 8 1 0 9 7
```

7604
88897
359412
9431621
33992647
196343511
8035427981
99069224149
279124516727
7918683768109
805988983
4619071549
53908638061
713734138215
7594383199321

NUMBER PUZZLE #87

8501
80531
268050
9754146
29322631
120137827
8462472535
94018394008
224798314041
7457628524104
729783299
5046116103
59553711322
659407935529
8136513585523

```
7 8 4 5 6 5 3 7 7 5 6 4 2 2 6
7 9 8 4 6 2 4 7 2 5 3 5 1 7 5
1 9 9 5 3 4 1 9 9 8 2 7 0 8 9
0 2 7 8 5 0 1 0 7 1 2 4 5 9 4
5 9 0 5 5 6 0 2 8 3 4 5 0 4 0
8 9 2 1 4 0 0 6 3 6 7 7 4 0 7
5 0 5 6 3 1 3 5 2 5 9 6 6 1 9
2 9 5 5 8 7 4 8 9 1 8 2 1 8 3
7 9 3 3 3 0 8 6 9 3 3 8 1 3 5
6 3 3 0 1 7 5 2 5 5 1 5 6 9 5
5 4 3 2 8 9 1 0 7 8 4 2 1 4 2
3 9 4 3 2 8 8 1 3 5 0 4 0 0 9
5 4 2 4 8 6 1 0 3 5 4 1 3 0 1
2 9 7 2 3 2 3 9 7 2 1 0 4 8 6
5 2 4 0 8 7 4 1 2 3 2 4 4 5 0
```

NUMBER PUZZLE #88

```
6 9 5 6 2 3 2 2 6 9 4 8 5 4 2
9 0 7 5 8 4 8 4 2 0 8 2 6 0 2
8 0 1 6 8 5 8 7 6 9 8 9 2 5 2
2 6 8 9 1 8 1 9 6 5 9 6 4 9 2
7 2 3 9 3 7 8 7 8 6 2 9 9 8 6
4 1 0 3 6 5 5 9 5 9 6 6 8 2 1
9 7 8 6 2 6 8 7 5 3 0 6 1 4 5
6 9 8 6 3 5 3 6 4 1 0 1 6 5 2
4 8 3 8 0 2 8 1 9 1 7 2 2 4 5
7 8 6 1 8 6 8 2 9 1 3 0 8 8 6
1 7 1 0 7 6 6 0 0 8 1 9 8 2 9
6 9 0 3 5 1 8 5 3 8 8 6 3 9 7
6 9 6 2 0 1 2 7 4 3 8 5 8 6 5
9 8 5 2 7 2 1 6 5 7 3 3 4 5 4
5 1 7 0 4 7 2 1 1 1 3 5 5 8 9
```

8901
72165
176688
9035185
24652615
193586911
8889517089
88967563867
170472111355
6996573280099
2222
54963
907584
7496471
62012743

NUMBER PUZZLE #89

9301
63799
203853
8316224
19982599
267035995
9316561643
83916733726
116145908669
6535518036094
3119
63423
816222
7818996
57342727

```
5 6 5 7 3 4 2 7 2 7 2 0 7 9 2
3 6 5 2 7 3 5 7 3 4 8 8 3 9 6
5 9 5 4 2 6 2 3 8 3 5 1 1 1 8
6 3 2 3 7 4 3 1 9 1 6 4 1 0 3
9 0 0 5 5 5 4 1 6 5 8 6 2 3 9
8 1 0 9 9 5 6 9 6 3 1 9 2 1 6
1 5 1 9 7 7 1 1 9 4 7 9 9 8 7
5 9 3 6 3 4 6 8 5 0 8 9 1 6 7
5 7 9 3 2 4 4 9 0 3 8 6 9 2 7
1 4 7 8 3 4 0 3 1 3 2 4 9 8 2
3 2 1 9 2 8 6 6 2 2 6 9 2 0 6
6 3 8 3 6 5 2 4 2 0 3 0 3 1 3
5 0 7 6 6 2 9 8 8 9 6 8 9 4 4
5 5 9 7 4 0 2 9 4 2 5 0 9 4 2
0 5 7 3 1 2 6 7 0 3 5 9 9 5 3
```

NUMBER PUZZLE #90

```
1 9 9 4 0 1 6 6 2 8 6 0 2 6 3
7 5 7 7 5 1 2 7 6 4 3 9 2 4 6
3 4 4 8 9 5 6 4 4 0 6 7 0 0 5
9 7 3 8 1 5 0 5 7 8 3 4 7 0 8
9 2 6 6 5 5 4 3 3 6 8 4 3 8 6
5 4 0 5 0 4 3 9 1 5 4 4 1 3 4
0 8 6 9 3 3 8 1 0 6 9 4 9 2 0
4 6 1 0 6 1 1 7 2 7 1 5 1 3 6
9 0 9 3 6 8 9 7 9 5 2 9 6 1 2
0 2 7 5 4 3 9 7 2 6 8 6 3 0 9
0 3 6 8 5 2 4 1 2 7 5 3 8 1 5
1 9 3 5 0 1 7 5 9 7 2 6 3 8 1
8 5 6 8 5 7 1 8 8 3 9 9 4 1 3
7 4 9 2 3 6 1 9 7 0 1 4 3 9 8
6 2 2 0 5 2 6 7 2 7 1 1 6 1 0
```

9701
55433
231018
7597263
15312583
340485079
9743606197
78865903585
173995049001
6074462792089
4016
71883
724860
8141521
52672711

NUMBER PUZZLE #91

8999
47067
258183
6878302
10642567
413934163
8981938579
73815073444
231844189333
5613407548084
4913
80343
633498
8464046
48002695

```
1 2 4 1 3 9 3 4 1 6 3 4 8 8 8
2 0 5 9 0 4 7 6 4 3 1 6 9 9 7
1 9 6 8 1 8 9 8 5 5 0 2 8 9 5
1 8 1 6 1 5 7 1 0 6 3 4 1 9 2
3 0 7 3 8 8 0 9 3 1 7 6 9 5 4
7 3 3 2 7 6 3 7 8 3 7 0 3 1 8
3 4 8 2 4 8 3 4 9 4 6 9 8 3 0
3 3 1 2 0 5 4 0 6 0 4 1 5 3 0
5 0 5 8 3 1 7 3 3 7 7 6 7 0 2
4 6 0 9 8 5 3 7 0 5 0 8 9 8 6
7 0 7 9 4 4 2 6 1 4 4 7 4 0 9
9 6 3 2 9 9 7 0 9 8 8 8 4 9 5
1 3 4 8 5 8 3 3 9 0 2 3 7 5 0
3 8 4 6 4 0 4 6 7 8 1 0 4 4 5
5 4 4 0 2 2 2 2 2 4 4 2 5 1 7
```

NUMBER PUZZLE #92

```
1 2 6 2 8 7 1 6 7 0 4 1 3 5 2
6 5 7 9 6 4 9 7 3 2 6 5 3 7 3
8 7 6 5 3 2 1 7 9 6 9 9 7 7 8
2 4 5 1 9 4 0 3 9 2 1 4 4 0 0
3 5 1 9 8 8 6 8 2 3 9 1 0 6 3
5 7 3 5 4 4 0 3 2 6 4 7 2 4 0
8 8 5 4 7 3 2 9 2 6 8 1 5 6 6
7 1 4 9 6 0 8 9 2 9 2 7 1 0 4
2 5 1 5 5 5 8 4 9 0 4 1 3 6 4
5 3 3 8 0 6 5 6 9 4 7 5 6 7 0
9 3 6 0 3 3 0 9 5 7 0 8 2 4 1
5 7 2 9 8 7 7 8 3 4 4 8 8 3 1
0 1 1 1 9 7 7 7 9 6 7 6 4 5 1
7 3 7 9 2 5 9 3 9 5 3 8 6 8 3
8 5 6 3 2 7 8 9 0 5 9 8 1 1 4
```

7650
13541
800789
4401113
69803653
578153371
3457445875
23587259507
262871670413
2774962986391
278905981
3741462453
73792593953
579649732653
7594384974661

NUMBER PUZZLE #93

8000
14192
867722
4993544
62398751
509012208
2902352987
29165630001
199167739064
3310454318421
317439177
4242340079
79370964447
643104864787
8129876306691

```
2 9 1 6 5 6 3 0 0 0 1 8 6 9 9
3 3 1 0 4 5 4 3 1 8 4 2 1 1 9
2 8 0 9 3 5 0 2 2 5 3 7 9 7 2
6 6 1 1 4 1 9 2 5 9 8 9 4 7 5
0 4 8 2 8 4 0 6 8 1 1 9 2 9 0
3 3 6 5 9 6 9 7 9 6 6 9 4 3 9
2 1 7 5 0 8 5 9 7 6 0 1 2 7 0
0 0 7 5 9 1 7 7 3 2 2 5 3 0 1
9 4 2 4 6 9 3 6 3 5 2 9 4 9 2
4 8 2 7 3 9 6 5 3 6 4 2 0 6 2
6 6 0 3 0 9 2 0 8 0 2 4 0 4 0
7 4 3 6 1 9 1 0 8 1 6 2 7 4 8
2 7 4 2 8 5 0 7 9 2 5 6 9 4 3
6 8 8 7 4 0 7 9 7 9 6 5 9 7 4
7 7 8 5 4 2 9 4 5 6 6 6 2 1 2
```

NUMBER PUZZLE #94

```
8 4 5 3 3 4 3 0 8 4 8 2 5 3 0
6 7 9 4 9 5 2 3 1 3 2 1 8 2 8
6 4 0 8 1 8 3 1 5 3 3 4 4 3 7
5 3 8 6 3 7 4 0 5 7 5 5 3 4 3
3 2 9 9 5 8 5 4 1 9 5 3 9 7 4
6 1 7 4 4 5 9 4 4 8 0 1 8 2 7
7 7 3 3 6 9 9 5 5 2 4 0 7 6 4
6 7 0 2 3 7 6 9 6 4 6 4 1 0 4
3 0 3 8 8 5 7 1 9 3 2 2 0 0 0
8 5 4 4 0 5 9 3 4 6 5 5 4 9 0
7 9 7 4 7 1 7 8 5 6 9 6 5 9 0
2 4 5 7 7 6 2 1 4 9 2 2 5 6 4
1 1 5 9 1 9 4 8 1 8 8 1 1 9 9
8 0 1 0 5 3 5 5 9 7 2 3 7 3 5
5 8 4 9 4 9 3 3 4 9 4 1 7 4 3
```

8350
14843
934655
5585975
54993849
439871045
2347260099
34744000495
135463807715
3845945650451
355972373
4743217705
84949334941
706559996921
8665367638721

NUMBER PUZZLE #95

8700
15494
893819
6178406
47588947
370729882
1792167211
40322370989
198918939849
4381436982481
394505569
5244095331
90527705435
770015129055
9200858970751

```
9 9 1 9 8 9 1 8 9 3 9 8 4 9 9
7 1 2 2 7 4 7 5 8 8 9 4 7 7 0
1 5 4 0 7 4 4 7 6 5 1 0 7 8 5
4 5 2 2 0 6 7 9 5 7 2 0 5 3 2
0 3 4 4 8 8 5 6 9 7 0 2 9 9 7
3 8 7 9 4 8 5 2 1 1 7 2 8 4 7
2 8 5 0 4 0 1 8 5 7 1 7 6 5 0
2 4 2 4 7 6 9 1 9 2 8 7 4 0 5
3 9 0 9 7 2 2 5 4 7 5 4 2 5 4
7 4 9 2 3 9 9 8 3 3 0 5 0 5 3
0 4 1 9 0 5 6 8 7 3 4 7 2 6 5
9 1 2 5 4 6 2 2 8 0 1 6 5 9 3
8 7 5 8 9 3 8 1 9 2 0 2 3 1 6
9 4 3 8 1 4 3 6 9 8 2 4 8 1 0
7 3 5 6 4 3 5 6 3 4 9 3 4 7 3
```

NUMBER PUZZLE #96

```
4 2 6 2 3 7 4 0 7 1 9 8 3 5 4
3 9 9 6 2 7 9 0 5 0 7 9 9 9 1
8 6 1 6 4 9 8 7 7 4 0 5 9 7 5
4 3 5 6 1 3 9 2 6 5 6 7 6 3 7
5 1 3 2 9 0 3 4 6 7 3 3 0 6 4
9 5 2 4 2 2 6 0 3 3 4 9 0 3 4
0 4 8 3 7 5 8 0 3 6 6 8 4 5 9
0 3 0 5 7 0 0 3 7 8 6 8 4 0 7
7 6 2 1 2 0 2 5 1 5 7 2 3 3 2
4 7 9 9 8 9 7 6 6 4 9 6 4 0 9
1 7 3 2 1 4 8 4 1 6 5 2 5 2 5
4 0 0 6 5 4 0 3 3 1 6 1 9 7 7
8 8 1 6 1 4 5 4 7 2 8 2 1 8 7
3 3 5 1 1 6 7 7 5 7 3 9 3 1 9
5 7 3 0 1 5 8 8 7 1 9 7 2 9 6
```

9050
16145
852983
6770837
40184045
301588719
1237074323
45900741483
262374071983
4916928314511
433038765
5744972957
96106075929
833470261189
9736350302781

NUMBER PUZZLE #97

9400
16796
812147
7363268
32779143
232447556
1737951949
51479111977
325829204117
5452419646541
471571961
6245850583
89966622544
896925393323
8883919932900

```
5 8 5 8 9 9 6 6 6 2 2 5 4 4 3
4 8 3 2 7 7 9 1 4 3 5 6 5 1 2
7 8 9 1 6 9 4 5 0 6 9 1 9 5 5
1 3 5 6 0 2 9 8 4 8 4 8 4 1 8
5 9 1 4 9 1 4 3 4 7 4 5 7 3 2
7 1 4 7 1 2 0 5 9 6 2 5 3 3 9
1 9 8 2 3 8 5 1 8 4 7 8 6 2 2
9 9 1 1 6 7 1 3 1 5 4 9 3 3 0
6 3 2 8 9 1 9 9 9 6 0 2 2 6 4
1 2 1 8 9 1 6 5 5 3 4 5 6 6 1
2 9 4 7 1 4 8 7 1 4 3 4 8 0 1
6 0 7 2 6 3 2 4 7 9 9 2 3 3 7
5 0 9 5 7 5 1 5 2 0 4 4 3 2 5
1 0 4 8 5 0 5 9 0 5 7 9 0 5 7
4 1 7 8 8 6 1 6 7 9 6 2 0 0 6
```

NUMBER PUZZLE #98

```
8 1 2 1 6 3 3 0 6 3 9 3 3 0 1
5 6 7 4 6 7 2 8 2 0 9 7 7 7 5
3 9 9 7 8 8 2 5 2 2 2 6 3 9 7
8 4 8 6 2 0 2 5 3 7 4 2 4 1 0
9 5 6 7 0 3 7 8 8 5 8 9 2 3 5
2 9 5 3 9 3 4 7 8 6 0 7 8 1 7
8 3 5 3 2 1 8 6 2 1 9 3 4 8 4
4 9 5 0 0 6 0 0 9 5 6 6 8 7 8
3 8 0 3 1 4 8 9 5 6 3 0 1 9 2
3 8 4 5 0 9 8 6 7 2 1 0 4 3 4
6 9 7 5 0 6 9 6 5 8 5 7 3 0 7
2 7 2 7 5 9 5 0 5 9 5 4 4 4 1
5 5 6 8 7 7 1 3 1 1 7 7 5 4 9
1 7 5 1 0 1 0 5 1 5 7 6 1 7 7
8 3 8 2 7 1 6 9 1 5 9 9 2 1 9
```

9750
17447
771311
7955699
25374241
163306393
2238829575
57057482471
389284336251
59879109978571
510105157
6746728209
83827169159
960380525457
8031489563019

NUMBER PUZZLE #99

8978
18098
730475
8548130
17969339
201839589
2739707201
62635852965
452739468385
6523402310601
548638353
7247605835
77687715774
910398495896
7179059193138

```
7 0 7 9 2 0 1 8 3 9 5 8 9 7 6
8 7 1 4 6 3 6 3 9 0 8 6 2 0 6
6 7 7 4 5 4 8 6 3 8 3 5 3 5 5
2 7 9 1 7 2 3 1 8 0 9 8 2 2 9
6 6 0 7 3 4 7 3 4 9 7 3 9 1 1
3 8 5 9 0 7 9 3 0 3 4 5 0 3 8
5 7 9 6 4 2 2 0 9 0 1 3 0 0 5
8 7 1 9 7 7 5 4 2 4 9 3 0 9 4
5 1 9 3 5 6 7 3 7 8 6 8 9 9 8
2 5 3 3 8 2 1 9 4 6 7 8 9 8 1
9 7 1 9 4 0 5 9 8 1 0 5 3 9 3
6 7 3 0 6 9 5 5 9 9 9 5 4 8 0
5 4 8 0 6 8 8 4 7 1 4 3 8 3 5
5 1 1 7 9 2 3 8 8 1 9 2 4 3 6
0 6 0 6 2 7 3 9 7 0 7 2 0 1 5
```

NUMBER PUZZLE #100

```
5 3 6 7 2 4 0 3 7 2 7 8 5 1 8
8 2 8 1 5 0 3 8 9 7 7 4 0 8 6
0 4 9 6 7 7 1 0 9 0 1 0 7 6 7
7 0 6 5 7 5 1 4 3 5 9 7 1 7 7
2 5 3 3 8 2 0 6 3 8 6 4 1 4 7
6 8 9 2 8 8 3 9 2 8 8 9 8 6 7
0 4 1 9 2 6 2 1 3 9 9 7 3 7 6
1 8 5 1 7 2 5 0 7 3 6 6 3 9 3
2 2 1 5 1 6 1 9 4 6 0 0 5 1 9
9 7 6 4 4 2 3 6 3 4 9 0 8 0 1
5 7 3 4 3 7 0 5 4 2 8 8 2 7 4
9 1 4 0 5 6 1 3 6 6 1 6 5 5 0
9 1 0 5 6 4 4 3 7 3 5 2 0 2 3
5 7 9 0 1 8 7 4 9 1 5 5 5 5 4
1 6 6 6 6 8 2 1 4 2 2 3 4 5 9
```

8206
18749
689639
9140561
10564437
240372785
3240584827
68214223459
516194600519
7058893642631
8211
31769
573437
7165329
71090107

NUMBER PUZZLE #101

1258
24608
322115
2582136
61211055
587171549
7748483461
71548262389
860416466335
6326628823257
6724
32420
649354
7713034
66313035

```
0 6 3 6 6 4 9 3 5 4 5 5 0 5 1
8 6 3 1 7 0 1 1 8 3 2 4 2 0 3
9 6 5 2 2 7 7 4 8 4 8 3 4 6 1
1 5 0 0 6 5 1 5 0 9 7 7 3 3 0
3 6 5 4 0 6 8 3 4 4 7 5 6 2 3
9 6 8 0 1 9 2 5 0 2 1 2 2 9 8
8 4 7 3 7 6 4 8 7 3 5 8 8 8 5
6 4 1 6 7 2 4 7 8 8 4 5 1 9 9
1 5 7 5 1 4 4 6 2 2 8 0 8 7 8
8 2 1 3 5 7 6 1 6 6 3 5 3 8 5
8 4 5 2 1 2 3 8 0 3 3 2 2 7 9
8 6 4 2 1 6 6 1 9 6 3 0 5 3 5
7 0 9 1 6 6 3 1 3 0 3 5 8 7 8
0 8 4 1 9 6 1 2 1 1 0 5 5 5 5
3 6 4 5 7 1 5 4 8 2 6 2 3 8 9
```

NUMBER PUZZLE #102

```
7 8 2 8 1 0 4 3 4 4 3 6 7 7 4     2102
9 7 8 0 6 9 5 6 6 8 3 8 4 5 7     25259
0 5 9 2 8 5 2 6 6 4 1 1 7 2 8     281279
5 9 6 3 4 8 4 2 1 9 5 5 0 1 2     1688279
2 0 0 2 1 9 5 0 9 5 5 2 6 0 6     66838457
0 7 4 2 9 7 3 3 8 7 3 5 1 2 0     625704745
8 3 7 8 0 2 3 6 9 8 8 5 0 5 7     8249361087
8 9 2 4 1 5 1 6 1 4 0 3 9 0 3     65408809004
8 6 7 9 3 2 6 4 7 0 5 9 3 6 9     810434436774
7 4 5 9 7 5 8 3 2 1 8 2 0 9 3     5474198453376
5 4 7 4 1 9 8 4 5 3 3 7 6 0 7     5237
9 6 3 6 5 6 2 9 2 1 9 9 7 8 4     33071
6 6 2 2 6 7 7 1 7 4 0 1 2 1 5     725271
5 0 3 3 5 0 9 5 1 3 3 0 7 1 4     8260739
6 7 5 3 1 2 3 6 6 9 5 7 4 6 9     61535963
```

NUMBER PUZZLE #103

2946
25910
240443
2235984
72465859
664237941
8750238713
59269355619
760452407213
4621768083495
3750
33722
801188
8808444
56758891

```
2 7 4 3 2 8 7 5 0 2 3 8 7 1 3
5 3 7 5 0 5 7 2 6 4 3 7 5 4 3
8 5 1 2 4 0 4 4 3 4 5 6 4 6 3
0 6 2 3 7 2 5 5 0 7 7 7 8 0 7
6 6 4 2 3 7 9 4 1 5 2 9 4 6 2
8 0 9 0 8 6 2 6 8 1 5 8 7 0 2
0 4 6 2 1 7 6 8 0 8 3 4 9 5 3
2 0 2 2 3 5 9 8 4 4 5 4 8 3 7
5 1 6 1 9 1 3 7 2 3 5 7 0 8 2
1 0 6 6 9 2 5 3 7 7 9 4 1 8 4
8 8 9 0 3 6 5 2 7 8 3 6 1 0 6
9 1 5 4 4 6 6 4 3 5 4 6 8 8 5
3 3 8 8 2 2 1 3 6 9 3 4 8 4 8
8 7 2 8 2 5 9 1 0 9 4 4 8 4 5
7 6 0 4 5 2 4 0 7 2 1 3 6 4 9
```

NUMBER PUZZLE #104

```
5 0 7 5 7 9 5 7 8 0 9 3 2 6 1     3790
5 9 5 3 0 4 5 3 4 3 7 3 5 3 1     26561
1 8 8 4 0 8 3 7 9 3 5 6 1 4 9     199607
9 8 7 5 0 7 7 0 6 1 7 2 1 8 9     2783689
8 5 1 7 9 9 0 7 3 6 1 7 6 3 6     78093261
1 0 0 0 0 1 2 2 1 1 7 8 9 2 0     702771137
8 7 4 6 2 2 8 5 3 0 7 3 4 5 7     9251116339
1 8 7 0 4 0 7 1 1 9 5 6 2 8 4     53129902234
9 2 0 4 7 7 0 7 4 1 7 8 3 5 9     710470377652
2 8 3 2 2 1 9 6 1 1 1 9 7 3 4     37693377136 14
0 3 7 6 9 3 3 7 7 1 3 6 1 4 3     2263
1 1 7 1 0 2 2 2 6 3 3 1 3 9 5     34373
0 8 6 2 6 5 6 1 4 6 6 7 2 3 3     877105
9 8 5 2 7 0 3 3 8 5 4 1 3 0 9     9356149
0 1 2 1 5 3 1 2 9 9 0 2 2 3 4     51981819
```

NUMBER PUZZLE #105

8297
38701
285348
6159341
18930589
487383247
8220270961
68764243303
289693329665
51523523304079
653577615
5473160657
65198784583
605081732843
8678643971725

```
5 1 5 2 3 5 2 3 0 4 0 7 9 8 6
8 8 2 2 0 2 7 0 9 6 1 2 2 8 6
2 4 8 9 2 1 7 6 1 5 9 5 7 6 6
8 1 5 1 1 5 3 0 9 3 4 4 1 1 8
9 2 3 0 0 8 0 5 3 5 8 9 5 5 7
6 5 4 7 3 1 6 0 6 5 7 4 8 9 6
9 5 8 6 5 1 9 8 7 8 4 5 8 3 4
3 0 3 8 7 0 1 1 9 8 7 2 9 4 2
3 6 7 8 6 5 2 7 7 1 3 2 7 1 4
2 8 6 7 8 6 4 3 9 7 1 7 2 5 3
9 0 6 6 4 7 8 2 7 7 4 8 0 8 3
6 8 5 8 3 3 1 8 9 3 0 5 8 9 0
6 1 2 9 2 9 3 4 1 0 2 0 8 0 3
5 9 0 4 5 8 6 3 8 3 9 5 0 7 2
7 5 7 9 6 5 3 5 7 7 6 1 5 6 6
```

NUMBER PUZZLE #106

```
7 9 9 3 4 7 5 4 2 4 6 9 9 9 7
9 5 3 5 5 2 8 9 5 4 4 0 3 8 0
8 4 0 6 7 1 3 2 7 5 9 5 9 7 6
5 3 3 1 7 3 7 2 6 3 1 2 4 0 3
5 5 3 2 3 0 3 0 4 9 1 5 5 4 7
0 3 5 7 7 7 5 7 9 8 8 9 0 7 1
7 4 6 9 1 2 9 7 0 6 0 0 7 4 3
5 0 4 6 9 5 0 4 0 0 0 0 6 6 4
5 6 0 8 3 2 3 3 1 6 4 2 9 2 1
5 2 6 8 1 1 3 5 5 4 1 0 7 5 3
3 8 8 7 9 4 9 7 9 7 6 5 3 5 1
0 9 8 0 3 1 3 9 9 3 0 2 6 5 6
1 6 6 6 1 2 7 2 1 8 6 1 1 9 2
5 3 1 2 5 1 3 7 5 6 6 1 6 1 6
7 0 8 4 3 8 5 7 8 4 4 2 7 1 9
```

7595
30335
312513
5440380
27218611
560832331
7458603343
63713413162
347542469997
4691297060074
577371931
5900205211
70843857844
550755530157
9220774357927

NUMBER PUZZLE #107

6893
21969
339678
4721419
35506633
634281415
6696935725
58662583021
405391610329
4230241816069
501166247
6327249765
76488931105
496429327471
9762904744129

```
6 6 4 9 6 4 2 9 3 2 7 4 7 1 3
6 4 5 2 5 1 6 3 6 1 0 6 4 2 6
9 3 9 4 3 8 1 1 5 9 0 2 4 6 3
6 0 5 7 7 5 6 5 1 4 3 2 8 6 2
9 6 5 2 6 2 5 6 4 0 9 4 9 6 7
3 3 3 0 5 2 1 0 2 8 1 9 0 5 2
5 9 1 4 1 7 9 4 6 5 6 5 1 5 4
7 3 3 4 2 1 1 0 1 6 8 8 7 9 9
2 9 9 7 2 8 6 3 4 9 3 3 9 3 7
5 3 0 6 1 4 1 6 2 7 2 3 0 3 6
7 3 9 6 9 6 1 4 2 8 4 1 7 2 5
4 9 0 7 5 7 2 0 1 4 0 4 9 8 1
4 6 7 1 3 2 4 8 1 5 7 2 1 6 4
9 7 9 4 0 5 3 9 1 6 1 0 3 2 9
7 8 7 7 6 4 8 8 9 3 1 1 0 5 9
```

NUMBER PUZZLE #108

```
2 0 6 7 5 4 2 9 4 3 1 9 5 6 4
4 6 3 4 4 2 1 0 3 1 2 4 7 8 5
6 5 9 5 7 9 4 2 4 9 6 0 5 6 3
3 8 3 3 7 0 7 7 3 0 4 9 9 5 2
2 2 0 6 0 5 9 3 5 2 6 8 1 0 7
4 1 9 7 1 1 8 5 9 5 0 5 6 8 7
0 3 2 3 3 1 8 4 3 7 9 4 6 5 5
7 4 6 9 8 6 7 4 5 0 5 5 2 6 1
5 0 4 6 5 8 0 5 9 4 4 0 6 1 1
0 0 5 3 7 1 9 6 2 5 2 2 0 9 7
6 4 2 1 3 6 0 3 7 8 0 8 3 1 8
6 3 6 6 8 4 3 6 4 1 8 0 5 3 0
1 6 7 7 4 0 0 2 4 5 8 0 1 3 6
4 6 7 5 8 0 1 9 7 9 1 0 2 2 3
9 3 7 6 9 1 8 6 5 7 2 0 6 4 4
```

6191
13603
366843
4002458
43794655
707730499
5935268107
53611752880
463240750661
3769186572064
424960563
6754294319
82134004366
442103124785
9301849500124

NUMBER PUZZLE #109

5489
20761
394008
3283497
52082677
781179583
5173600489
48560922739
521089890993
3308131328059
4085
35077
448338
1845575
68658721

```
7 2 3 5 0 7 7 2 4 9 5 0 8 5 3
3 6 4 4 9 5 5 4 2 0 8 0 1 6 1
3 5 4 3 8 0 4 6 4 1 8 7 6 8 3
0 0 4 3 6 5 0 6 0 8 3 5 4 8 1
8 5 0 1 9 4 6 0 3 6 3 5 1 3 7
1 5 0 0 5 4 5 0 0 0 5 3 0 9 3
3 2 0 7 6 1 0 0 9 7 8 9 8 2 9
1 5 2 0 1 9 4 0 5 2 0 5 8 1 5
3 6 9 5 9 8 2 9 8 3 2 3 1 0 4
2 6 9 9 9 9 6 9 7 3 4 7 1 6 8
8 0 8 5 8 5 2 3 2 9 5 1 3 6 9
0 9 4 7 7 8 1 1 7 9 5 8 3 9 1
5 6 2 7 9 9 0 5 2 0 8 2 6 7 7
9 5 2 1 0 8 9 8 9 0 9 9 3 6 2
6 8 6 5 8 7 2 1 1 3 7 4 8 5 3
```

NUMBER PUZZLE #110

```
4 2 5 6 4 5 3 6 1 8 9 4 4 6 1
4 2 3 5 7 8 9 3 9 0 3 1 3 2 5
6 8 2 8 3 4 4 1 1 9 3 2 8 7 1
4 1 5 3 8 2 8 8 0 4 9 8 5 0 7
4 7 0 4 5 7 3 6 0 6 2 4 8 5 7
3 2 3 6 6 8 7 6 9 4 6 7 4 3 6
5 7 3 3 1 2 8 0 1 4 2 1 1 7 3
1 2 2 3 5 1 8 0 7 9 7 9 6 9 1
0 2 8 4 7 0 7 6 0 8 4 0 5 4 3
0 6 0 9 4 7 9 6 6 5 7 6 3 1 8
9 9 5 7 6 0 2 7 5 7 5 4 3 2 5
2 7 6 0 6 1 7 4 0 8 5 7 8 5 2
5 2 1 1 2 6 6 1 4 7 0 8 3 3 1
9 1 6 0 3 7 0 6 9 9 3 7 1 0 3
8 9 9 1 6 7 2 7 9 1 9 8 9 1 5
```

4787
27919
421173
2564536
60370699
854628667
4411932871
43510092598
578939031325
2847076084054
3383
42235
475503
1126614
76946743

NUMBER PUZZLE #111

1277
63709
556998
3563727
88235955
669759923
1837295961
18255941893
868184732985
1508394950143
2681
49393
502668
1938985
85234765

```
0 8 6 1 4 0 7 3 0 6 4 8 5 3 8
8 5 2 3 4 7 6 5 3 5 4 6 3 4 8
1 1 3 0 9 0 1 7 0 3 3 8 3 3 2
0 7 5 3 5 0 0 0 3 9 9 1 1 3 3
0 6 1 0 3 9 1 5 3 2 2 8 8 0 5
5 1 6 1 8 9 6 4 1 6 6 4 8 5 9
4 9 3 9 3 3 6 9 8 1 2 7 7 0 5
4 6 8 8 7 5 9 1 7 3 0 3 5 5 5
3 2 9 2 7 5 5 4 8 4 7 2 0 1 9
5 8 7 9 5 6 9 9 9 4 5 9 2 9 0
5 1 0 7 5 9 5 9 9 5 9 8 6 7 9
8 9 7 2 3 9 5 5 2 6 0 5 6 4 9
8 4 4 9 8 8 2 4 3 3 6 1 8 0 9
1 8 3 7 2 9 5 9 6 1 4 8 4 5 9
0 1 1 8 2 5 5 9 4 1 8 9 3 3 3
```

NUMBER PUZZLE #112

```
2 5 8 6 1 3 2 0 5 1 1 1 7 5 2
3 2 5 8 2 7 5 1 3 5 6 9 0 3 3
2 8 2 8 5 5 6 5 5 1 0 7 3 8 2
3 9 6 0 4 6 8 6 1 3 8 7 6 1 2
0 7 2 4 1 1 0 8 7 2 9 4 9 3 8
2 0 4 6 6 3 6 5 4 6 4 7 0 0 2
0 8 5 4 0 1 9 3 1 9 9 9 6 5 9
1 6 9 2 3 3 9 3 8 8 3 0 9 7 4
4 7 4 3 9 4 3 8 4 2 0 1 3 4 9
2 3 6 9 5 8 7 8 9 7 8 4 6 4 1
9 7 7 7 9 2 3 5 7 1 9 5 6 3 2
5 3 8 6 5 8 2 3 1 3 9 2 8 6 3
7 6 2 4 0 3 4 7 7 8 3 4 2 5 3
2 3 8 0 9 9 9 9 8 9 0 1 7 5 2
2 1 8 6 0 7 8 0 7 7 6 9 7 9 2
```

2323
70867
584163
4376098
82949123
605180466
2309329523
13205111752
926033873317
2013934792252
1979
56551
529833
2751356
93522787

NUMBER PUZZLE #113

3369
78025
611328
5188469
77662291
540601009
2781363085
17394820949
983883013649
2519474634361
928077751
3650265253
38459262457
636788171657
2386020840049

```
6 3 6 7 8 8 1 7 1 6 5 7 2 0 7
2 1 7 7 6 6 2 2 9 1 5 3 7 1 5
3 5 2 8 7 3 1 3 8 6 4 8 8 7 3
5 5 1 8 8 0 8 5 3 3 0 4 1 3 6
3 9 0 9 2 2 7 0 8 2 6 5 3 9 1
6 2 6 5 4 1 6 3 8 0 0 9 6 4 1
5 2 5 8 2 7 8 2 3 9 1 2 3 8 3
0 3 3 5 3 4 0 0 2 0 6 0 2 2
2 0 3 6 1 1 7 6 1 7 0 2 8 0 8
6 5 6 7 8 0 2 3 3 9 9 4 5 9 6
5 0 9 6 8 1 5 9 6 4 0 5 2 4 5
2 8 2 5 4 4 8 6 4 4 3 7 9 9 6
5 1 0 5 6 9 6 5 9 4 0 6 3 1 7
3 0 1 8 9 2 8 0 7 7 7 5 1 8 7
2 2 3 8 6 0 2 0 8 4 0 0 4 9 9
```

NUMBER PUZZLE #114

```
3 7 2 1 5 8 4 5 3 0 1 4 6 5 9
8 0 6 4 4 1 8 2 3 6 2 6 0 3 3
0 0 2 9 6 7 9 5 1 9 9 0 0 6 8
4 7 2 5 4 9 6 2 1 6 5 1 0 3 3
6 2 8 8 0 6 2 0 8 8 8 9 8 8 3
9 3 8 4 6 1 3 2 2 3 3 5 4 4 4
1 7 8 4 0 3 4 7 9 1 3 4 0 9 0
0 5 5 1 7 7 4 4 3 0 5 1 4 3 8
5 4 9 5 5 4 5 9 7 1 7 5 3 6 4
7 5 7 4 0 4 0 4 8 6 1 8 2 0 3
0 9 6 8 5 8 3 1 3 2 4 9 0 6 2
0 7 3 4 5 9 9 1 2 5 9 7 8 9 3
3 2 5 3 3 9 6 6 4 7 9 4 0 9 1
1 9 2 4 9 6 5 5 9 6 0 4 4 6 6
0 9 1 8 0 4 5 3 0 2 8 4 3 2 7
```

4415
85183
638493
6000840
72375459
476021552
3253396647
21584530146
930183945454
3025014476470
863498294
2888597635
33408432316
694637311989
1924965596044

NUMBER PUZZLE #115

5461
92341
665658
6813211
67088627
411442095
3725430209
25774239343
876484877259
3530554318579
798918837
2126930017
28357602175
752486452321
1463910352039

```
7 2 5 3 7 2 5 4 3 0 2 0 9 2 5
8 7 6 4 8 4 8 7 7 2 5 9 5 1 2
1 2 9 2 9 4 5 1 3 7 2 9 4 5 3
6 7 2 1 1 4 0 9 4 3 1 6 7 9 2
8 9 6 0 6 2 8 5 7 3 3 7 4 6 2
1 8 6 1 5 5 6 6 2 9 4 1 8 7 8
3 9 5 3 7 4 3 9 1 2 1 7 5 0 5
2 1 6 1 3 8 0 0 3 4 3 5 0 8 8
1 8 5 0 9 0 3 9 4 0 1 1 5 8 3
1 8 8 5 7 5 3 2 8 8 0 2 8 6 9
6 3 0 0 2 4 0 2 8 8 6 1 1 2 2
1 7 4 0 3 9 7 5 1 9 6 2 7 7 3
3 5 3 0 5 5 4 3 1 8 5 7 9 4 4
1 9 0 2 8 3 5 7 6 0 2 1 7 5 1
7 5 2 4 8 6 4 5 2 3 2 1 4 7 0
```

NUMBER PUZZLE #116

```
1 4 1 9 7 4 6 3 7 7 1 5 8 0 5
2 1 7 0 6 1 8 0 1 7 9 5 2 7 2
6 5 0 3 6 2 1 3 3 8 0 8 9 3 3
7 7 9 0 4 1 0 6 3 1 5 2 9 4 3
3 2 0 1 2 5 3 7 3 4 9 2 6 5 0
4 5 6 6 3 8 3 6 7 4 4 7 3 4 6
3 9 9 4 9 9 5 2 3 7 3 8 9 5 7
3 6 2 1 7 2 5 5 7 3 3 5 4 9 7
9 5 8 3 6 9 9 5 1 2 7 8 8 6 2
3 0 2 2 3 5 2 8 3 0 1 0 5 3 0
8 7 3 1 4 8 6 2 0 2 8 9 4 7 3
0 9 5 3 1 4 5 7 8 3 2 0 0 4 4
9 3 2 5 0 0 3 8 0 7 7 6 3 0 9
9 3 4 6 8 6 2 6 3 8 4 4 2 4 4
2 6 4 0 3 6 0 9 4 1 6 0 6 8 8
```

6507
99499
692823
7625582
61801795
346862638
4197463771
29963948540
822785809064
4036094160688
734339380
1365262399
23306772034
810335592653
1002855108034

NUMBER PUZZLE #117

7553
86543
719988
8437953
56514963
282283181
4669497333
34153657737
769086740869
4541634002797
1740
85625
355520
3898404
69711445

```
3 2 5 9 4 6 1 6 5 8 9 7 0 3 5
4 9 3 2 7 3 6 4 5 4 4 6 7 4 6
1 9 5 5 8 4 0 7 5 9 0 6 5 6 5
5 8 5 1 1 2 3 7 5 5 9 4 6 9 1
3 3 5 5 8 7 2 4 5 0 1 3 5 7 4
6 5 2 6 2 2 8 8 8 6 8 4 3 1 9
5 9 0 5 2 6 6 3 4 6 5 8 1 6
7 6 4 7 5 5 7 4 3 1 0 4 9 4 3
7 4 5 4 6 4 0 7 8 1 8 3 8 4 1
3 7 3 8 0 0 9 3 8 9 8 1 4 5 7
7 4 5 8 2 5 1 7 2 9 9 7 0 0 6
2 3 6 7 3 1 0 1 9 9 1 3 4 2 4
5 9 9 4 4 6 6 9 4 9 7 3 3 3 6
5 7 9 6 2 8 7 0 0 4 4 6 4 7 7
6 4 9 9 7 1 9 9 8 8 0 7 3 8 5
```

NUMBER PUZZLE #118

```
6 4 9 0 5 2 7 3 4 9 3 7 7 5 7     4634
2 6 8 9 8 8 4 2 9 8 0 3 7 5 2     27212
1 4 0 5 0 2 3 1 2 8 8 4 9 2 4     158771
3 6 9 4 3 3 2 5 3 1 7 9 9 6 8     3331394
9 9 2 1 8 3 8 7 0 2 0 1 3 9 7     83720663
7 9 7 8 0 8 2 5 0 1 6 4 3 5 4     741304333
5 0 2 5 4 0 3 4 4 9 4 3 9 3 1     9751993965
1 4 1 4 6 9 7 4 0 7 6 5 8 0 3     46990448849
9 4 2 6 9 4 5 7 8 8 9 0 5 2 0     660488348091
9 8 3 9 7 8 3 7 1 0 3 2 3 2 4     2916907343733
3 8 3 8 2 4 6 5 4 8 9 4 5 8 3     3231
9 4 0 2 3 0 8 6 6 9 6 1 2 3 3     35024
6 9 2 7 4 7 3 1 9 0 0 0 2 8 3     953022
5 5 3 4 7 6 6 3 3 3 1 3 9 4 6     9903854
6 3 8 1 6 3 2 7 8 2 1 8 3 6 5     47204747
```

NUMBER PUZZLE #119

5478
27863
117935
3879099
89348065
779837529
9093839401
40850995464
610506318530
2064476973852
4199
35675
881359
9013535
42427675

```
0 2 9 6 4 8 3 7 7 1 6 5 2 2 7
6 5 8 0 8 9 9 6 1 9 4 6 0 4 2
6 3 8 4 9 9 7 7 2 7 7 6 0 1 4
1 7 8 5 3 3 9 2 8 4 4 8 5 1 2
3 9 1 4 4 3 8 8 5 4 5 6 1 7 4
3 4 3 3 8 2 5 3 7 0 7 9 0 9 2
8 1 5 2 0 6 0 6 9 7 2 2 6 3 7
7 9 9 2 6 9 9 9 7 4 6 9 2 5 6
9 9 7 2 5 7 5 9 1 5 0 8 7 8 7
0 8 2 3 3 4 8 4 8 2 8 1 8 0 5
9 0 3 8 6 3 9 0 9 3 2 9 6 7 5
9 3 5 4 7 9 1 9 0 1 3 5 3 5 7
6 2 6 5 2 4 5 0 6 6 8 2 3 7 1
4 6 2 8 6 0 7 0 0 4 4 1 7 9 7
5 9 6 1 0 5 0 6 3 1 8 5 3 0 7
```

NUMBER PUZZLE #120

```
8 8 4 3 5 6 8 4 8 3 7 5 5 0 1
3 9 5 9 9 9 2 3 1 8 7 6 7 2 4
7 4 3 2 6 4 7 9 1 3 8 1 1 9 4
5 8 7 3 6 6 4 2 5 1 2 2 9 6 5
8 6 4 1 5 4 3 2 5 0 0 2 6 0 4
3 6 0 0 1 2 8 6 6 4 1 3 8 2 4
8 3 6 5 1 5 6 1 6 8 2 6 6 8 7
1 0 9 6 2 8 4 6 8 2 0 8 0 5 7
3 9 3 8 4 4 0 2 0 3 1 4 3 1 0
9 0 3 5 3 3 2 9 0 3 7 1 1 4 6
8 9 1 8 9 9 7 8 6 7 2 0 0 1 5
7 6 9 7 5 4 0 3 8 9 9 5 7 8 8
7 2 1 3 9 2 2 2 9 9 6 3 2 2 3
4 9 4 9 7 5 4 6 7 2 6 6 8 6 5
8 7 3 6 3 2 6 7 0 1 5 9 3 2 5
```

6322
28514
193852
4426804
94975467
818370725
8435684837
34711542079
560524288969
1212046603971
5167
36326
809696
8123216
37650603

NUMBER PUZZLE #121

7166
29165
269769
4974509
90198395
856903921
7777530273
28572088694
510542259408
1999284001155
931119589
5144912017
20099989345
310614141164
5148233589891

```
0 2 8 5 7 2 0 8 8 6 9 4 6 8 6
0 6 9 6 5 8 2 8 5 7 6 1 1 3 3
5 1 4 4 9 1 2 0 1 7 6 9 2 1 1
2 3 0 3 8 2 3 1 4 0 9 5 0 2 0
0 4 7 2 0 9 8 9 8 9 2 4 8 4 6
0 9 5 1 0 5 4 2 2 5 9 4 0 8 1
9 7 8 9 0 1 9 8 3 9 5 6 9 9 4
9 4 3 1 3 8 4 4 3 3 5 1 6 2 1
9 5 7 1 8 0 3 8 5 1 4 5 6 7 4
8 0 3 8 0 9 8 3 8 6 0 9 5 3 1
9 9 5 1 4 2 7 4 9 9 7 0 7 7 1
3 5 1 7 9 8 0 1 8 6 5 5 4 4 6
4 5 1 1 6 8 5 6 9 0 3 9 2 1 4
5 6 6 0 1 9 3 1 1 1 9 5 8 9 1
6 5 2 7 7 7 5 3 0 2 7 3 4 3
```

NUMBER PUZZLE #122

```
4 5 9 3 5 4 7 0 9 8 7 0 7 5 7
6 3 1 0 4 5 1 0 8 0 5 9 0 4 2
0 0 2 2 7 8 8 9 5 4 3 7 1 1 7
5 0 8 7 0 2 3 9 1 6 2 0 8 0 2
6 4 7 1 8 4 8 2 7 2 2 8 7 6 3
0 6 0 6 4 6 0 5 4 4 9 2 0 8 7
2 2 9 9 4 1 5 3 4 7 0 6 6 6 1
2 5 0 5 9 8 2 2 3 2 3 6 4 0 1
9 0 5 3 5 6 9 5 1 2 1 6 3 2 9
8 1 8 7 3 2 6 1 1 3 0 3 9 8 3
4 5 2 5 2 6 2 1 4 4 9 8 2 0 7
7 1 3 4 9 9 1 2 5 2 1 8 7 3 5
3 0 3 4 5 6 8 6 1 6 3 3 3 9 7
9 2 9 3 0 5 4 3 1 4 7 0 5 3 0
2 5 8 3 4 4 8 6 7 5 7 4 5 3 9
```

8010
29816
345686
5522214
85421323
895437117
7119375709
22432635309
460560229847
2786521398339
889735669
4486757453
30046250151
260632111603
5935470987075

NUMBER PUZZLE #123

8854
30467
421603
6069919
80644251
933970313
6461221145
16293181924
410578200286
3573758795523
848351749
3828602889
39992510957
210650082042
6722708384259

```
2 3 8 5 2 8 1 5 5 2 8 2 9 8 1
2 2 5 8 7 6 0 6 9 9 1 9 0 5 6
2 8 6 7 1 9 8 4 8 3 5 1 7 4 9
3 0 7 1 3 1 3 4 5 3 0 4 6 7 2
3 6 2 4 9 7 3 3 2 1 1 2 1 5 1
8 4 2 2 9 5 5 1 9 0 5 4 1 6 0
2 4 7 8 9 2 0 8 5 7 6 2 2 6 6
8 2 0 6 2 2 5 7 7 2 0 9 9 4 5
6 5 8 4 5 0 8 4 9 9 3 3 2 5 0
0 1 3 5 1 2 3 8 4 1 5 1 1 4 0
2 0 8 7 0 6 3 9 8 4 6 5 3 3 8
8 8 4 0 9 6 9 1 5 0 8 8 2 7 2
8 4 2 1 5 2 9 8 3 4 9 0 3 3 0
9 8 5 0 7 2 1 3 6 0 8 8 5 4 4
6 5 9 6 4 6 1 2 2 1 1 4 5 3 2
```

NUMBER PUZZLE #124

```
1 0 1 5 3 7 2 8 5 3 9 1 3 5 3
4 3 6 0 9 9 6 1 9 2 7 0 7 6 2
3 5 0 0 0 4 0 4 6 9 6 7 0 5 1
1 5 6 3 9 9 4 3 9 7 7 5 5 8 8
7 8 6 1 3 7 3 6 8 5 9 0 4 0 9
0 0 8 1 5 5 0 0 8 6 2 9 3 3 7
4 6 0 1 2 2 7 6 1 7 9 9 5 0 2
4 9 5 8 8 0 7 7 6 3 3 4 9 6 5
8 6 2 7 7 1 0 5 8 9 7 5 5 6 0
3 7 4 7 7 7 3 7 9 2 9 7 7 5 3
2 8 8 9 2 2 7 7 4 0 6 8 5 8 5
5 2 1 5 6 1 7 0 3 6 8 1 6 1 0
0 9 8 6 7 2 7 5 9 7 4 4 4 1 9
6 6 6 6 1 7 6 2 4 5 9 4 2 6 9
1 3 3 7 4 7 7 5 9 3 3 3 9 5 0
```

9698
31118
497520
6617624
75867179
972503509
5803066581
10153728539
360596170725
4360996192707
806967829
3170448325
49938771763
160668052481
7509945781443

NUMBER PUZZLE #125

1997
47393
457977
9129203
81213343
446434765
8604504409
19083081633
687122073980
5931817596192
765583909
2512293761
59885032569
110686022920
8297183178627

```
8 4 1 1 9 9 7 5 0 6 2 9 7 1 1
1 2 5 8 6 0 4 5 0 4 4 0 9 6 1
4 5 9 8 8 8 7 4 3 3 3 0 5 9 0
5 1 8 7 7 4 7 3 9 3 8 9 1 6 6
7 2 8 3 1 6 4 6 1 3 3 2 9 8 8
9 2 5 4 2 8 4 6 0 1 9 1 4 1 6
7 9 0 9 2 0 3 8 8 2 5 4 4 2 0
7 3 3 4 0 8 1 1 0 9 6 9 6 1 2
0 7 2 5 7 6 7 3 7 4 0 6 0 3 2
9 6 5 6 3 5 1 4 3 8 7 2 5 3 9
0 1 6 3 9 0 3 4 9 4 6 2 3 4 2
1 1 9 6 8 5 7 7 5 5 3 2 0 3 0
1 6 1 5 0 6 6 0 3 9 4 9 7 4 6
1 9 7 0 5 4 5 3 2 3 4 2 5 0 5
2 6 8 7 6 5 5 8 3 9 0 9 5 7 5
```

NUMBER PUZZLE #126

```
9 4 3 8 6 8 3 4 0 1 8 0 8 7 6    2515
1 5 6 9 8 3 1 2 9 3 3 7 5 3 1    48044
7 9 7 6 2 2 4 8 6 2 9 4 9 4 1    494633
0 0 9 9 4 1 9 4 2 5 1 4 3 4 5    8419584
0 8 7 4 8 4 8 6 0 1 9 3 9 9 1    86834018
0 4 0 4 9 0 7 2 7 5 9 4 7 5 4    532183159
1 4 2 7 4 1 2 9 0 7 6 2 3 8 0    7970259289
8 2 5 4 0 0 9 3 1 3 4 2 4 8 4    14046394498
3 0 9 9 3 0 1 3 3 1 1 4 5 9 6    644791177139
9 5 2 1 9 2 8 9 9 8 7 2 6 3 3    6394950312355
4 7 8 4 3 4 8 9 3 8 5 7 1 9 9    724199989
9 5 9 5 0 0 9 1 7 8 6 8 1 6 4    1854139197
9 8 5 9 1 8 5 2 2 5 6 0 5 3 4    69831293375
0 1 8 1 9 9 2 8 4 1 9 5 8 4 9    170001839499
4 1 4 1 1 8 5 4 1 3 9 1 9 7 8    9084420575811
```

NUMBER PUZZLE #127

3033
48695
531289
7709965
92454693
617931553
7336014169
94489518206
602460280298
6858083028518
682816069
1195984633
79777554181
229317656078
9871657972995

```
7 8 8 8 5 3 1 2 8 9 3 6 7 6 3
9 8 7 1 6 5 7 9 7 2 9 9 5 8 4
7 1 9 0 1 9 2 4 5 4 6 9 3 5 8
7 5 1 9 1 9 8 0 1 1 8 7 2 8 8
7 0 9 7 1 8 5 0 7 1 5 4 7 0 6
5 4 8 6 9 5 0 9 1 4 1 5 0 8 1
5 6 0 2 4 6 0 2 8 0 2 9 8 3 7
4 3 5 9 7 8 7 4 7 4 1 4 3 0 9
1 0 0 2 3 0 7 0 8 4 6 9 0 2 3
8 0 6 0 1 1 0 7 5 8 0 3 3 8 1
1 1 8 1 4 2 1 6 0 4 0 2 3 5 5
7 3 3 6 0 1 4 1 6 9 9 9 6 1 5
3 0 6 8 2 8 1 6 0 6 9 3 8 8 3
9 9 4 4 8 9 5 1 8 2 0 6 4 1 9
2 2 9 3 1 7 6 5 6 0 7 8 5 6 9
```

NUMBER PUZZLE #128

```
7 9 6 1 2 1 7 3 8 2 9 7 7 5 9
3 3 8 7 9 0 2 4 3 3 4 5 7 6 7
9 5 2 0 0 6 5 6 7 9 4 5 0 0 2
8 9 5 1 7 1 0 1 0 1 1 8 3 1 2
9 9 1 1 2 5 7 5 0 9 5 2 6 2 8
7 8 5 5 0 1 3 6 4 5 4 1 7 9 8
2 0 6 3 4 7 5 6 9 4 9 8 9 3 6
3 2 6 4 7 1 6 7 8 0 3 8 9 8 3
8 1 1 7 0 8 7 6 4 5 4 0 4 3 3
1 0 6 4 3 0 2 7 0 4 6 9 7 4 4
4 5 2 1 5 8 6 2 1 3 6 5 5 5 7
9 8 6 4 1 4 3 2 1 4 9 8 1 7 2
8 3 6 1 7 0 3 4 0 2 9 4 1 1 6
7 0 0 6 7 2 7 0 0 0 3 4 6 5 5
8 8 9 7 0 7 6 5 2 1 4 9 6 5 7
```

3551
49346
567945
7000346
98075368
703679947
6701769049
52158621365
560129383457
7321215744681
641432149
1738297759
89723814987
288633472657
8970765214965

NUMBER PUZZLE #129

4069
49997
604601
6290727
89099838
789428341
6067523929
65487998066
517798486616
7784348460844
6135
36977
738033
7232897
32873531

```
6 2 9 0 7 2 7 8 6 0 4 6 0 1 7
2 6 3 3 6 9 7 7 7 3 1 4 1 7 6
0 5 3 4 0 4 1 1 1 8 7 5 8 7 2
0 4 6 6 5 6 9 5 1 9 0 4 6 6 9
7 8 1 3 5 2 3 5 0 3 3 0 0 3 7
8 7 3 5 1 7 7 9 8 4 8 6 6 1 6
9 9 5 9 3 5 0 9 8 9 6 2 7 2 2
4 9 2 0 5 3 4 4 9 8 3 9 5 3 7
2 8 2 4 7 7 6 8 9 5 3 0 2 2 8
8 0 5 9 3 0 3 0 3 5 2 8 3 3 7
3 6 5 8 8 5 9 3 1 6 7 2 9 4 3
4 6 0 4 7 9 3 8 6 3 8 0 2 9 1
1 3 4 9 8 0 0 2 5 9 2 9 9 9 1
3 7 3 3 9 8 0 3 7 9 3 0 8 9 6
1 5 8 5 8 7 1 3 5 4 0 6 9 7 9
```

NUMBER PUZZLE #130

```
8 3 1 8 7 5 1 7 6 7 3 5 8 0 9
2 5 8 0 6 6 6 3 7 0 5 0 6 4 8
8 8 1 2 6 1 8 2 1 5 6 8 7 5 3
0 7 4 1 4 3 6 3 4 2 5 7 8 5 0
9 1 7 7 7 7 4 7 5 3 5 8 4 4 8
6 0 5 5 8 6 4 5 5 8 8 3 7 8 4
4 3 4 5 6 8 8 8 1 1 3 2 6 6 8
5 2 6 8 4 1 1 0 1 2 0 4 3 6 4
9 1 7 9 1 3 9 7 7 1 1 7 4 5 9
3 9 5 0 5 0 2 8 3 2 7 3 8 5 9
9 6 8 7 8 3 8 6 5 7 2 7 7 7 2
5 3 9 4 3 0 4 7 9 0 4 3 0 4 2
8 0 7 9 9 2 7 5 5 6 2 7 4 0 2
0 1 7 9 0 3 7 6 2 8 3 6 6 3 7
2 2 5 4 8 0 1 2 4 3 0 8 9 7 6
```

4587
50648
641257
5581108
80124308
875176735
5433278809
78817374767
475467589775
8247481177007
7103
37628
666370
6342578
28096459

NUMBER PUZZLE #131

5105
51299
677913
4871489
71148778
960925129
4799033689
92146751468
433136692934
8710613893170
8071
38279
594707
5452259
23319387

```
9 0 2 0 8 4 5 0 4 4 8 8 0 7 1
6 5 5 9 4 7 0 7 6 1 3 1 0 7 7
0 4 7 9 9 0 3 3 6 8 9 9 1 2 5
9 6 5 1 0 5 1 5 4 9 3 1 3 5 8
2 3 4 0 2 2 4 9 9 4 3 6 8 6
5 0 0 6 0 5 1 8 1 8 1 4 7 6 7
1 5 7 5 2 9 8 3 7 9 3 2 4 5 7
2 0 8 2 8 8 4 7 3 1 5 6 3 0 9
9 0 5 7 6 3 8 8 9 3 4 0 8 8 1
7 9 2 1 4 6 7 5 1 4 6 8 0 9 3
8 3 2 4 3 3 1 3 6 6 9 2 9 3 4
7 3 3 2 3 4 3 3 3 8 2 7 9 2 6
6 1 4 5 9 2 9 7 1 2 5 1 7 8 5
8 7 1 0 6 1 3 8 9 3 1 7 0 4 2
7 9 4 5 5 1 2 9 9 5 1 5 4 7 4
```

NUMBER PUZZLE #132

```
9 4 5 1 5 1 9 5 0 4 6 9 0 8 4      5623
1 8 9 9 0 1 9 8 3 5 7 9 7 7 9      51950
6 8 6 6 6 7 5 6 5 4 5 1 1 3      714569
4 5 3 8 9 3 0 2 1 1 5 0 7 7 4      4161870
3 2 0 7 4 8 1 8 6 4 4 3 5 7 8      62173248
5 3 1 4 7 7 2 4 7 5 7 3 2 1 3      899019835
3 0 8 0 3 1 7 4 6 4 5 8 9 4 2      4164788569
7 4 5 2 3 8 3 1 6 9 7 8 0 5 5      87554743378
0 4 4 1 8 3 9 6 6 9 6 9 3 6 3      390805796093
4 8 7 5 7 4 0 8 5 9 4 0 9 9 5      9173746609333
0 8 6 8 0 9 4 7 1 2 4 3 0 9 5      9039
8 9 3 7 3 0 9 7 0 7 8 6 0 7 4      38930
5 6 2 3 4 4 1 6 1 8 7 0 1 4 3      523044
3 1 3 9 0 8 0 5 7 9 6 0 9 3 4      4561940
2 9 2 8 7 7 0 1 8 5 4 2 3 1 5      18542315
```

NUMBER PUZZLE #133

6141
52601
751225
3452251
53197718
837114541
3530543449
82962735288
348474899252
9636879325496
8409
39581
451381
3671621
13765243

```
9 5 1 6 3 7 5 5 2 6 0 1 1 5 1
8 6 8 9 9 3 5 3 0 5 4 3 4 4 9
3 8 3 2 3 4 6 2 3 5 2 0 6 6 3
7 8 2 6 3 8 1 6 2 7 9 4 1 4 3
1 5 1 4 8 4 6 9 8 1 1 3 7 8 3
1 0 8 7 3 7 3 2 7 2 9 5 7 2 5
4 6 3 1 7 4 9 4 1 6 1 6 4 9 7
5 5 9 3 5 8 7 3 5 2 7 5 5 6 9
4 3 5 7 9 9 8 4 2 2 7 7 1 2 3
1 1 8 6 9 9 4 5 1 5 2 5 3 7 6
1 9 1 5 8 2 0 2 5 3 4 5 8 3 7
0 7 6 2 2 5 9 3 1 5 0 9 1 5 1
9 7 0 4 9 2 5 3 6 1 9 3 6 2 6
3 1 9 3 3 7 2 8 4 2 2 7 6 8 2
3 8 9 1 9 6 7 1 6 1 4 1 0 8 1
```

NUMBER PUZZLE #134

```
1 5 0 3 8 6 2 5 3 1 3 2 7 9 9      6659
3 1 4 0 2 7 1 5 8 4 7 8 6 8 1      53252
2 9 9 6 2 6 2 7 9 6 3 9 6 3 4      787881
8 3 0 1 8 7 9 7 8 2 2 6 5 7 5      2742632
8 8 0 4 7 7 8 6 4 7 5 2 9 9 0      44222188
1 5 7 4 4 8 5 1 4 2 8 9 7 7 1      775209247
9 9 7 0 7 4 3 8 3 8 6 8 1 1 6      2896298329
3 1 6 0 7 6 2 7 4 0 4 3 1 8 2      78370727198
5 8 6 2 5 0 0 2 0 0 2 2 2 3 9      306144002411
3 7 5 4 2 6 5 2 2 7 6 9 1 8 6      9007766554163
2 7 5 1 0 2 0 3 5 1 2 9 3 3 0      7779
5 7 4 1 9 5 2 6 7 8 8 7 2 7 0      40232
2 9 1 7 2 1 2 4 3 0 0 8 1 4 2      379718
9 3 6 2 4 1 8 9 5 7 7 2 5 9 2      2781302
5 1 3 4 7 4 6 6 2 4 8 3 1 8 8      19385918
```

NUMBER PUZZLE #135

7177
53903
824537
2033013
35246658
713303953
2262053209
73778719108
263813105570
8378653782830
7149
40883
308055
1890983
25006593

```
8 0 6 9 7 1 5 2 5 0 0 6 5 9 3
8 2 3 2 0 3 3 0 1 3 6 1 5 4 6
3 7 4 7 6 0 4 7 8 3 7 3 9 0 6
9 0 1 5 4 4 7 3 2 8 9 7 7 8 6
9 1 8 4 3 7 9 7 0 0 0 5 2 8 7
3 8 2 0 4 7 8 7 3 9 8 4 9 3 1
2 9 2 4 5 5 6 8 8 3 4 5 2 6 3
3 0 0 4 5 1 7 4 8 9 9 7 0 3
6 9 2 2 6 3 8 1 3 1 0 5 5 7 0
9 8 2 6 1 3 7 9 0 8 5 4 7 7 3
9 3 7 1 7 7 9 1 1 0 2 7 1 4 9
5 5 8 2 2 6 2 0 5 3 2 0 9 5 5
1 3 7 7 3 2 0 8 6 6 9 8 3 7 3
3 5 7 0 7 7 3 5 2 4 6 6 5 8 3
8 3 7 8 6 5 3 7 8 2 8 3 0 3 3
```

NUMBER PUZZLE #136

```
0 3 4 0 6 6 2 3 6 3 9 2 7 8 8
7 7 2 2 1 4 8 2 2 0 8 7 2 9 1
5 7 6 9 0 3 4 5 5 6 2 8 4 6 6
0 4 4 9 2 4 2 4 2 0 8 5 2 9 9
1 6 1 9 1 6 1 3 4 5 3 8 8 6 1
6 5 5 9 5 8 2 5 3 1 4 3 2 5 6
2 1 3 1 3 4 6 7 3 9 6 7 0 1 3
7 9 8 5 0 8 1 7 1 4 4 6 6 3 4
8 8 7 7 3 0 9 0 1 1 9 1 8 9 1
0 2 7 0 3 1 0 0 1 1 2 8 1 8 5
8 6 1 1 9 3 2 6 5 1 0 8 5 6 7
0 2 3 0 1 4 3 3 6 4 4 1 9 5 9
8 4 9 0 8 8 3 8 0 4 7 9 8 9 8
9 6 3 0 6 2 7 2 6 8 3 1 7 9 5
2 8 5 4 5 5 4 1 5 7 3 6 7 2 2
```

7695
54554
861193
1323394
26271128
651398659
1627808089
69186711018
221482208729
7749541011497
6519
41534
236392
1000664
30627268

NUMBER PUZZLE #137

8213
55205
897849
2018395
17295598
589493365
2022394759
64594702928
179151311888
7120428240164
600048229
2280610885
99670075793
347949289236
8069872456935

```
3 4 6 1 8 0 6 0 0 0 4 8 2 2 9
4 4 2 2 8 0 6 1 0 8 8 5 7 4 9
2 0 7 1 6 5 0 4 7 2 5 1 8 8 4
9 5 1 9 1 3 3 7 0 9 2 8 0 1 2
2 2 1 6 4 5 8 2 5 0 3 6 3 7 1
0 7 6 4 6 9 2 2 4 3 9 8 7 9 7
1 0 2 5 1 3 2 2 1 8 7 9 5 1 2
8 2 1 9 9 2 8 8 7 3 7 7 8 5 9
3 7 2 4 2 2 8 2 9 8 1 8 9 1 5
9 1 7 7 4 4 8 0 2 2 4 4 3 5
5 5 5 0 9 5 0 5 4 3 3 9 9 1 9
9 6 1 2 6 9 5 5 2 0 5 6 3 1 8
1 6 9 9 6 7 0 0 7 5 7 9 3 8 4
4 8 3 2 9 7 3 0 1 7 8 0 6 8 6
5 5 1 8 0 2 3 2 8 4 4 2 5 8 3
```

NUMBER PUZZLE #138

```
9 0 4 2 4 1 6 9 8 1 4 2 9 8 7
6 6 0 0 0 2 6 9 4 8 3 8 6 9 2
6 1 9 0 7 9 0 6 8 8 0 8 3 7 0
4 6 3 8 1 2 1 6 9 5 3 4 1 8 4
9 0 9 6 6 9 6 7 6 5 8 3 8 7 9
1 2 3 3 8 5 7 5 3 6 3 2 3 6 4
3 8 4 2 9 2 5 0 1 9 5 5 8 5 6
1 2 5 3 7 8 0 8 6 0 8 2 3 6 3
5 2 0 5 9 2 8 4 6 8 5 4 7 4 3
4 9 5 8 6 8 5 2 1 6 5 8 5 6 3
6 2 5 1 9 5 2 0 0 5 4 1 1 2 8
8 4 7 9 8 8 7 3 1 4 0 3 9 5 8
8 0 1 8 9 4 0 9 6 9 5 4 0 6 6
3 1 8 5 0 2 0 6 6 8 4 1 7 9 5
1 1 3 0 5 2 7 5 8 8 0 7 1 7 8
```

8731
55856
934505
2713396
23581985
527588071
2416981429
60002694838
136820415047
6491315468831
558664309
2822924011
94633388658
407265105815
7168979698905

NUMBER PUZZLE #139

9249
56507
971161
3408397
29868372
465682777
2811568099
55410686748
105476128169
5862202697498
517280389
3365237137
89596701523
466580922394
6268086940875

```
4 5 5 3 3 6 5 2 3 7 1 3 7 6 6
6 4 6 8 4 6 5 1 2 8 1 2 4 7 4
6 6 5 5 6 2 2 2 3 3 3 5 8 6 5
5 2 2 1 0 2 4 8 4 6 5 0 5 2 1
8 6 0 5 0 7 2 0 7 4 8 6 5 8 7
0 8 2 0 6 5 8 0 1 7 8 2 9 1 2
9 0 4 1 2 3 4 0 2 2 5 5 1 8
2 8 5 0 9 9 6 7 7 6 9 5 5 5 0
2 6 8 7 8 8 7 7 6 6 9 5 2 6 3
3 9 9 5 6 0 7 0 7 1 2 7 2 8 8
9 4 2 7 2 4 0 5 8 2 8 4 0 9
4 0 4 9 3 4 1 3 9 5 1 8 6 9 1
6 8 9 3 7 5 9 2 5 6 9 9 1 9 8
8 7 3 4 2 9 7 1 1 6 1 2 0 6 4
1 5 3 3 8 2 3 1 6 9 2 4 8 3 9
```

NUMBER PUZZLE #140

```
1 3 9 0 7 5 5 0 2 6 3 5 1 7 7
3 1 0 4 7 5 2 4 3 1 2 1 0 7 8
5 7 1 5 8 5 5 9 1 5 8 7 2 9 5
8 8 3 6 9 1 7 4 8 8 8 5 7 4 5
4 6 1 8 5 7 1 9 0 0 4 2 1 7 0
5 3 9 1 8 0 6 5 9 2 6 3 2 5 8
6 6 3 0 3 7 5 7 2 1 7 6 2 1 1
0 5 2 3 3 0 8 9 9 2 6 1 6 5 8
0 9 9 8 4 3 6 5 6 1 7 5 4 2 6
1 8 9 8 8 4 7 6 6 9 7 4 7 4 7
4 7 7 9 0 7 5 4 8 8 4 7 3 3 8
3 0 4 0 3 7 7 7 4 8 3 5 2 6 6
8 3 2 0 6 1 5 4 7 6 9 9 3 4 5
8 5 2 6 0 4 7 5 8 9 6 4 6 9 8
5 3 6 7 1 9 4 1 8 2 8 4 5 2 2
```

9767
57158
907548
4103398
36154759
403777483
3206154769
50818678658
118805504870
5233089926165
475896469
3907550263
84560014388
525896738973
5367194182845

NUMBER PUZZLE #141

8912
57809
843935
4798399
42441146
341872189
3600741439
46226670568
829300526834
4603977154832
434512549
4449863389
79523327253
585212555552
4466301424815

```
4 6 0 3 9 7 7 1 5 4 8 3 2 8 3
6 4 4 6 6 3 0 1 4 2 4 8 1 5 4
4 6 2 9 2 7 3 5 7 5 3 7 7 1 1
3 2 1 7 8 1 6 3 9 1 7 1 8 1 8
4 2 8 2 9 3 0 0 5 2 6 8 3 4 7
5 6 4 9 1 2 0 8 2 5 3 5 4 8 2
1 6 1 9 2 3 7 2 4 5 9 7 5 9 1
2 7 7 2 5 8 4 1 1 3 9 6 5 5 8
5 0 9 1 8 2 1 8 7 8 9 7 6 7 9
4 5 1 4 5 6 4 0 3 2 0 3 1 8 3
9 6 4 7 2 4 3 9 3 1 7 2 5 0 9
2 8 3 4 4 4 9 8 6 3 3 8 9 9 4
2 3 4 2 4 4 1 1 4 6 8 7 7 9 1
5 8 5 2 1 2 5 5 5 5 5 2 6 7 3
7 7 9 5 2 3 3 2 7 2 5 3 3 7 8
```

NUMBER PUZZLE #142

```
2 7 3 3 5 7 6 5 7 4 0 9 8 2 6
1 0 7 5 8 0 4 1 9 3 6 9 5 6 8
2 9 0 0 6 8 8 9 9 9 1 4 1 3 6
8 7 3 1 0 5 2 1 3 6 1 3 9 1 6
7 2 9 5 8 1 4 9 5 6 9 7 1 4 0
2 4 7 9 7 7 3 0 3 4 4 2 4 3 3
4 6 4 6 6 1 7 4 8 8 9 5 0 7 7
9 4 5 8 2 6 6 5 6 6 2 3 4 1 8
1 1 8 8 6 6 8 4 5 8 6 3 4 1 3
5 4 6 7 2 6 3 9 3 5 5 6 4 0 8
5 2 6 4 2 8 4 7 5 8 0 8 7 0 0
9 0 7 9 3 7 2 0 9 3 1 1 4 8 9
9 8 2 4 2 1 5 2 1 2 2 6 2 6 5
8 8 9 8 3 1 6 3 3 1 0 2 2 4 0
8 9 2 1 3 9 9 5 3 2 8 1 0 9 9
```

8057
58460
780322
5493400
48727533
279966895
3995328109
41634662478
200187755501
3974864383499
393128629
4992176515
74486640118
644528372131
3565408666785

NUMBER PUZZLE #143

7202
59111
716709
6188401
55013920
218061601
4389914779
37042654388
279595010839
3345751612166
351744709
5534489641
69449952983
703844188710
2664515908755

```
7 1 6 7 0 9 7 8 7 4 5 5 9 1 9
2 2 2 4 0 1 5 3 8 5 5 8 2 5 8
6 2 4 4 9 3 2 6 3 8 0 2 3 7 3
6 5 7 6 3 4 8 4 5 1 3 7 1 3 5
4 7 4 9 7 8 4 4 7 9 0 9 4 7 1
5 2 2 8 5 8 9 1 4 4 1 5 7 9 7
1 7 6 4 9 9 1 9 2 1 7 1 6 0 4
5 0 4 6 7 2 5 6 1 5 8 1 1 5 4
9 3 4 3 7 2 5 0 1 4 8 8 8 5 7
0 1 0 2 6 4 0 6 1 8 7 9 7 9 0
8 8 1 1 3 6 1 2 4 0 2 7 1 1 9
7 7 6 8 5 2 7 0 9 7 8 0 9 4 0
5 6 8 8 1 8 1 5 5 0 1 3 9 2 0
5 5 4 6 6 9 4 4 9 9 5 2 9 8 3
4 0 6 6 5 2 1 8 0 6 1 6 0 1 4
```

NUMBER PUZZLE #144

```
3 8 4 0 7 4 8 9 6 7 6 1 3 1 8
2 1 8 6 3 9 7 9 2 4 3 7 2 7 7
0 7 5 5 5 1 0 6 4 7 6 5 4 6 7
6 0 1 2 5 4 0 1 3 3 5 4 5 3 1
8 2 6 6 2 6 3 3 1 0 7 3 0 6 1
8 2 6 1 6 2 1 6 6 8 1 6 6 2 5
3 9 4 5 6 3 0 3 4 0 0 0 4 3 6
4 5 9 5 3 0 8 5 0 7 7 5 6 1 1
0 1 8 2 0 0 0 8 6 0 9 8 2 5 5
2 4 5 5 4 1 9 8 4 7 3 7 9 0 6
8 1 2 8 4 7 0 6 6 0 1 0 8 7 3
2 8 9 4 9 2 4 2 7 8 8 0 7 2 0
9 0 9 9 7 8 0 8 6 2 6 3 8 5 7
7 5 8 6 1 5 7 9 6 3 4 7 3 8 9
1 6 7 3 5 9 0 0 2 2 6 6 1 7 7
```

6347
59762
653096
6883402
61300307
156156307
4784501449
32450646298
359002266177
2716638840833
310360789
6076802767
64413265848
763160005289
1763623150725

NUMBER PUZZLE #145

5492
60413
589483
7578403
67586694
201839589
5179088119
27858638208
438409521515
2087526069500
5889
42185
164729
1903835
36247943

```
6 2 1 7 5 7 8 4 0 3 5 7 1 9 9
3 7 0 0 5 0 1 1 9 0 3 8 3 5 1
3 5 5 8 2 1 7 3 8 8 6 3 4 1 8
6 7 1 8 7 0 7 5 0 5 7 3 2 6 6
2 9 9 7 6 5 1 4 9 5 6 8 1 4 9
4 4 8 6 9 6 2 8 4 6 7 8 8 7 3
7 1 0 5 3 0 9 6 3 2 0 7 5 2 3
9 1 7 6 7 5 8 4 0 9 6 4 0 9 0
4 1 4 5 4 5 7 8 3 6 5 2 1 0 9
3 4 8 3 8 6 8 5 1 7 9 8 5 3 8
4 3 9 9 6 5 9 1 2 1 3 5 9 0 4
3 2 4 1 8 1 1 8 7 9 9 7 0 2 9
2 8 4 8 2 7 8 5 8 6 3 8 2 0 8
3 3 9 5 6 9 5 4 9 2 5 8 3 3 8
6 4 3 8 4 0 9 5 2 1 5 1 5 7 8
```

NUMBER PUZZLE #146

```
5 3 4 3 2 3 7 3 8 7 3 0 8 1 7
4 1 4 1 2 3 1 0 9 5 5 3 0 2 1
2 2 7 3 0 0 2 0 3 6 0 3 3 5 5
8 4 5 8 7 4 1 6 6 1 4 5 8 2 7
3 7 2 0 1 0 3 3 6 2 7 1 7 5 9
6 5 3 6 0 6 2 8 8 6 6 4 5 9 9
5 2 4 5 4 6 7 0 2 5 3 7 2 4 3
6 2 5 9 0 1 7 7 9 7 3 0 5 2 6
6 8 5 1 9 0 8 3 6 6 3 2 1 7 2
2 7 6 8 0 7 1 6 7 8 3 4 1 1 6
9 1 3 6 7 8 6 4 8 0 5 4 0 6 8
9 1 8 0 8 0 7 8 4 6 3 3 6 4 2
3 5 8 7 0 8 7 9 8 4 1 6 9 3 7
4 7 5 3 9 6 1 0 6 4 2 8 2 1 7
1 4 5 8 4 1 3 2 9 8 1 6 7 7 9
```

4637
61064
525870
8273404
73873081
247522871
5573674789
23266630118
517816776853
1458413298167
5259
42836
201385
2807006
41868618

NUMBER PUZZLE #147

3782
61715
462257
8968405
80159468
293206153
5968261459
18674622028
597224032191
1073667564219
4629
43487
238041
3710177
47489293

```
3 4 3 4 1 4 6 2 9 0 6 6 6 4 8
5 0 6 5 7 8 0 8 9 8 5 1 2 1 7
9 9 1 0 7 3 6 6 7 5 6 4 2 1 9
8 2 7 5 3 7 3 7 7 6 8 0 9 7 7
7 9 6 2 0 3 4 7 4 8 9 2 9 3 6
7 3 4 2 2 8 8 5 1 6 9 0 0 9 7
1 2 1 4 6 4 4 0 8 0 2 9 9 6 8
5 0 0 6 1 3 0 2 1 4 1 2 9 7 4
8 6 0 2 7 0 8 3 2 5 4 7 0 3 1
5 1 0 2 1 3 7 8 2 5 9 1 7 2 0
8 5 0 5 5 8 6 3 4 1 6 4 5 6 8
8 3 4 7 3 1 8 5 1 0 9 6 6 0 5
5 9 6 8 2 6 1 4 5 9 9 1 9 8 7
8 6 2 3 8 0 4 1 6 8 9 4 3 3 5
3 8 9 6 8 4 0 5 4 3 4 8 7 6 2
```

NUMBER PUZZLE #148

```
0 0 9 4 9 6 6 2 3 6 6 9 4 6 2
2 7 5 5 7 4 6 1 3 3 4 8 3 0 6
6 7 6 6 3 1 2 8 7 5 2 9 0 0 0
8 6 7 0 5 3 2 2 4 4 1 3 8 6 2
6 7 0 1 3 4 7 4 4 4 8 2 4 3 9
8 3 9 1 4 4 1 4 4 8 5 3 9 6 9
7 6 4 9 6 0 3 9 4 3 3 3 2 2 6
7 5 4 9 4 7 8 9 8 8 6 6 9 8 6
3 3 7 4 1 4 1 2 8 3 1 7 6 4 3
8 1 6 5 5 1 6 8 6 6 7 8 3 8 4
0 0 4 1 8 8 9 2 7 1 4 3 5 1 0
0 9 7 9 7 4 5 8 1 2 3 4 2 2 6
2 9 3 2 3 3 8 5 3 2 9 9 3 9 4
5 6 4 5 4 5 6 4 7 4 7 2 3 2 1
2 8 3 9 9 9 1 7 4 8 5 4 7 8 7
```

2927
62366
398644
9663406
86445855
338889435
6362848129
14082613938
676631287529
2003884911893
3999
44138
274697
4613348
53109968

NUMBER PUZZLE #149

2072
63017
335031
9089754
92732242
384572717
6757434799
20839880098
756038542867
2934102259567
3369
44789
311353
5516519
58730643

```
3 0 3 0 2 3 9 0 8 9 7 5 4 2 5
2 0 5 2 9 0 4 9 2 3 4 3 9 1 4
0 4 1 1 0 4 7 4 1 2 0 3 5 6 4
7 7 9 2 7 3 2 2 4 2 4 6 5 2 2
5 3 1 0 8 9 5 5 6 1 4 9 6 6 4
6 1 3 7 7 6 0 0 0 7 8 7 3 0 5
0 1 3 3 0 4 3 2 5 4 5 0 3 8 5
3 3 1 2 3 0 2 8 4 7 1 5 9 9 1
8 5 5 8 7 5 7 4 4 7 8 9 3 4 6
5 3 3 8 9 3 0 3 5 5 4 7 9 8 5
4 6 2 5 0 7 4 3 5 8 7 8 4 2 1
2 7 6 6 0 7 2 8 1 7 9 2 1 8 9
8 7 4 3 9 1 3 9 4 9 7 8 7 4 0
6 3 3 9 7 0 9 7 6 0 1 5 9 1 7
7 3 2 0 8 3 9 8 8 0 0 9 8 5 7
```

NUMBER PUZZLE #150

```
9 9 5 7 1 5 2 0 2 1 4 6 9 4 9      1217
3 4 8 0 0 9 7 2 6 0 0 0 5 3 6      63668
6 3 8 5 3 9 5 9 7 6 6 4 0 4 7      271418
8 8 1 3 5 7 9 7 9 1 4 2 3 1 4      8516102
6 6 0 8 5 2 7 3 9 0 4 5 4 5 3      99018629
9 4 9 9 7 4 1 7 8 1 1 1 0 9 0      430255999
6 3 6 9 8 0 4 9 4 3 3 0 8 6 2      7152021469
2 1 3 9 6 7 6 5 1 5 0 2 8 9 5      27597146258
4 9 6 0 9 5 2 8 7 1 5 1 5 1 5      835445798205
8 6 6 1 3 9 5 9 3 9 2 4 1 2 9      3864319607241
1 0 8 8 6 8 8 9 3 1 8 2 6 6 9      2739
0 7 1 6 9 0 2 3 7 7 5 2 1 8 9      45440
0 2 0 2 7 4 6 4 1 9 6 9 0 6 3      348009
9 4 9 9 6 4 9 5 6 2 4 1 2 5 8      6419690
6 1 3 3 7 5 8 7 1 4 7 0 3 6 6      64351318
```

NUMBER PUZZLE #151

2011
64319
207805
7942450
93105896
475939281
7546608139
34354412418
914853053543
4794536954915
2109
46091
384665
7322861
69971993

```
4 4 4 2 9 3 1 0 5 8 9 6 8 5 4
5 4 7 6 7 9 4 2 4 5 0 0 7 2 9
3 1 9 3 8 4 6 6 5 0 6 2 1 1 6
7 5 4 6 6 0 8 1 3 9 0 0 4 6 9
2 5 5 8 0 1 5 7 5 1 9 8 6 3 0
4 9 3 2 3 2 7 5 1 5 5 8 9 6 4
6 3 6 6 4 3 6 7 5 3 8 7 0 9 5
9 9 9 4 3 7 0 4 0 5 6 3 5 9 5
5 3 5 4 6 5 5 5 3 2 8 2 6 7 4
0 5 4 6 5 0 3 9 0 1 3 2 9 1 8
7 1 9 9 0 5 9 7 3 2 9 8 8 9 2
8 6 1 7 4 2 8 1 4 9 8 6 2 9 4
3 1 5 3 3 0 3 6 1 8 2 1 1 3 5
9 9 7 1 5 2 1 7 7 6 6 8 5 1 3
2 3 4 3 5 4 4 1 2 4 1 8 1 8 8
```

NUMBER PUZZLE #152

```
5 9 2 7 6 9 6 1 4 4 1 9 2 6 7     2805
1 9 9 4 2 6 0 3 0 8 8 8 1 5 8     64970
2 4 1 4 4 1 3 2 7 4 4 4 5 9 6     144192
7 8 6 8 7 1 9 3 1 6 3 9 4 8 7     7368798
9 5 0 7 7 1 8 4 3 9 2 1 4 1 1     87193163
4 2 8 8 4 3 7 7 2 6 1 5 5 2 8     521622563
1 1 6 1 1 2 6 4 6 1 0 6 3 8 2     7941194809
1 6 0 7 7 4 2 8 1 6 4 8 6 0 4     41111678578
9 2 2 4 0 5 7 6 7 9 5 8 2 5 9     994260308881
4 2 2 5 2 5 7 9 7 9 2 9 0 8 0     5724754302589
8 5 8 6 1 8 4 0 1 3 8 1 8 0 8     1479
0 6 5 8 5 8 8 1 5 3 8 2 2 1 1     46742
9 3 5 7 2 4 7 5 4 3 0 2 5 8 9     421321
0 3 8 3 8 2 2 6 0 3 2 3 5 2 1     8226032
0 0 4 2 1 3 2 1 6 5 8 0 2 4 2     75592668
```

NUMBER PUZZLE #153

3599
65621
200381
6795146
81280430
567305845
8335781479
47868944738
888198300133
6654971650263
268976869
6619115893
59376578713
822475821868
2226755866888

```
8 2 6 8 9 7 6 8 6 9 4 8 9 3 7
8 7 2 1 7 2 6 4 3 7 2 3 1 6 6
8 8 6 2 8 1 7 6 2 0 0 3 8 1 6
1 5 2 6 2 6 5 2 1 9 5 5 1 6 1
9 9 5 5 5 6 7 9 1 5 1 7 6 9 9
8 3 8 2 2 4 7 5 8 2 1 8 6 8 1
3 7 1 5 5 5 9 5 1 0 0 1 9 9 1
0 6 2 1 9 2 6 7 5 6 9 4 9 7 5
0 5 8 8 9 6 7 7 1 8 6 7 3 3 8
1 7 0 2 3 7 6 3 3 6 6 9 0 8 9
3 8 4 8 9 9 5 0 5 0 5 6 8 2 3
3 7 3 7 9 5 6 0 6 9 5 0 8 2 9
7 1 0 4 7 1 2 2 3 3 9 8 2 8 1
3 3 5 4 8 4 1 4 4 4 9 5 4 6 8
9 2 4 7 8 6 8 9 4 4 7 3 8 5 3
```

NUMBER PUZZLE #154

```
5 4 6 2 6 2 1 0 8 9 8 3 3 1 5
7 7 5 8 5 1 8 8 9 9 7 9 3 7 4
8 8 1 7 9 1 6 3 8 4 4 7 1 2 2
7 2 2 0 0 5 1 4 8 3 8 6 3 6 5
6 6 6 1 4 9 3 7 1 9 1 3 8 0 4
1 6 2 9 3 9 5 1 2 4 3 9 4 3 3
2 4 2 2 3 6 1 0 2 2 8 2 8 9 3
9 9 5 8 1 5 2 9 9 8 2 6 5 0 9
8 4 6 4 2 4 0 9 8 6 9 0 2 3 8
9 4 5 6 7 1 9 5 1 2 1 7 5 6 9
1 9 7 9 9 8 8 4 4 3 2 7 0 6 1
2 8 0 8 8 3 3 0 6 8 8 6 7 2 5
7 8 7 3 0 3 6 8 1 4 9 5 0 7 7
2 0 1 5 4 7 5 3 6 7 6 9 7 2 8
0 2 1 5 4 5 2 2 7 5 9 2 9 4 9
```

4393
66272
256570
6221494
75367697
612989127
8730368149
54626210898
782136291385
7585188997937
227592949
7161429019
54339891578
881791638447
2689888583051

NUMBER PUZZLE #155

5187
66923
312759
5647842
69454964
658672409
9124954819
61383477058
676074282637
8515406345611
186209029
7703742145
49303204443
941107455026
3153021299214

```
1 1 8 5 4 2 4 4 6 7 9 9 7 7 8
6 8 7 5 7 9 5 7 5 8 4 5 7 2 3
5 6 3 8 1 5 3 1 5 1 0 0 4 1 6
8 2 0 6 2 5 8 0 1 3 3 5 5 7 9
6 0 6 4 7 7 4 0 3 7 3 3 3 6 4
7 9 3 3 9 6 7 0 4 2 0 2 1 9 5
2 0 1 7 5 4 0 2 6 2 0 3 0 4 4
4 2 5 2 5 3 1 7 1 3 8 4 5 0 9
0 9 3 5 4 4 1 2 4 3 4 6 4 9 6
9 7 0 9 5 9 9 2 4 2 4 5 5 4 4
6 2 7 4 6 9 5 7 7 7 8 4 6 6 3
6 8 5 4 2 0 7 4 8 5 8 2 9 1 6
9 1 1 1 3 0 2 4 8 6 9 4 6 7 1
2 9 4 8 5 2 2 8 8 1 7 4 9 3 0
3 5 8 8 5 4 1 6 2 7 9 3 7 8 7
```

NUMBER PUZZLE #156

```
1 3 5 7 0 0 1 2 2 7 3 8 8 9 6
4 6 4 4 2 6 6 5 1 7 3 0 8 4 8
4 1 9 9 7 9 5 7 2 4 9 0 7 4 1
8 6 1 8 4 5 6 3 7 8 5 0 5 5 4
2 1 3 2 3 9 3 0 0 9 1 9 9 6 0
5 5 9 8 1 0 5 7 4 8 9 7 8 2 7
1 4 3 6 8 9 4 8 3 7 5 1 1 3 4
0 0 2 6 4 1 2 1 5 7 4 3 5 6 3
9 1 3 7 1 3 2 7 5 6 1 7 6 9 2
7 5 6 5 7 1 3 7 6 5 4 8 6 3 1
6 3 1 7 6 5 1 3 9 5 8 7 4 2 8
7 7 1 4 3 4 5 9 1 8 9 1 5 8 0
5 7 5 0 7 4 1 9 0 1 1 2 3 5 5
1 4 4 2 2 9 2 4 0 8 1 9 2 8 8
5 7 2 8 2 4 6 0 5 5 2 7 1 6 3
```

5981
67574
368948
5074190
63542231
704355691
9519541489
68140743218
570012273889
9445623693285
144825109
8246055271
44266517308
898776558185
3616154015377

NUMBER PUZZLE #157

6775
68225
425137
4500538
57629498
750038973
9914128159
74898009378
463950265141
8997668655541
103441189
8788368397
39229830173
856445661344
4079286731540

```
5 5 5 7 5 0 0 3 8 9 7 3 6 0 0
4 8 9 9 7 6 6 8 6 5 5 5 4 1 6
8 0 9 4 9 5 0 4 1 3 7 2 9 0 3
7 6 7 9 6 9 4 1 5 4 2 9 9 1 1
8 8 3 9 7 3 6 2 8 0 1 6 0 3 5
8 2 7 6 2 3 9 9 5 4 0 3 8 7 2
3 2 9 9 2 8 8 5 1 1 4 5 6 4 8
6 5 9 9 0 0 6 2 0 4 3 2 3 3 7
8 0 9 8 0 5 8 7 1 2 9 7 0 8 1
3 7 7 9 3 1 4 1 3 4 6 7 7 5 7
9 2 3 1 5 3 8 1 9 1 9 5 4 7 9
7 7 5 9 9 9 9 8 0 7 5 1 1 9 5
8 5 6 4 4 5 6 6 1 3 4 4 8 4 5
7 4 6 0 5 1 0 9 2 2 1 4 0 2 1
8 9 1 3 3 9 2 2 9 8 3 0 1 7 3
```

NUMBER PUZZLE #158

```
9 8 4 9 4 1 0 3 9 4 7 5 9 6 5
3 2 9 1 8 9 1 8 9 5 8 3 5 4 8
5 8 2 3 7 7 9 5 7 2 2 2 5 5 8
7 9 5 0 3 7 5 1 1 4 7 4 9 1 5
8 4 3 4 2 0 6 1 4 1 2 1 4 5 8
8 7 3 0 9 5 6 6 7 4 1 1 0 6 1
8 5 9 2 2 7 8 8 1 1 1 8 2 2 6
2 6 2 1 7 8 1 9 1 4 6 0 5 9 5
5 9 6 3 7 7 4 3 7 5 9 7 4 8 5
6 5 8 6 8 4 5 6 6 5 2 6 6 2 2
3 9 8 9 7 3 4 8 8 1 6 3 4 5 7
9 4 6 7 2 5 2 5 5 1 7 8 2 8 5
3 5 0 5 0 3 9 9 2 7 2 7 8 9 5
6 3 3 3 4 8 1 3 2 6 6 6 9 8 3
7 3 4 1 9 3 1 4 3 0 3 8 3 7 8
```

7569
68876
481326
3926886
51716765
795722255
9410394759
81655275538
357888256393
8549713617797
189189583
9330681523
34193143038
814114764503
4542419447703

NUMBER PUZZLE #159

8363
69527
537515
3353234
45804032
841405537
8906661359
88412541698
251826247645
8101758580053
274937977
9872994649
29156455903
771783867662
5005552163866

```
2 9 2 4 8 8 4 1 2 5 4 1 6 9 8
7 2 8 5 3 8 7 0 8 6 6 7 5 9 4
4 7 6 1 1 6 8 5 1 9 6 0 2 4 5
9 7 9 8 0 8 7 1 0 3 0 6 0 9 8
3 1 5 4 8 1 2 0 5 5 6 5 3 5 0
7 7 2 1 3 9 7 6 5 8 0 3 3 3 4
9 8 7 4 8 6 0 5 2 1 9 8 5 7 0
7 3 6 0 5 1 2 6 8 4 9 5 3 5 3
7 8 1 5 5 1 2 1 6 5 7 0 1 1 2
6 6 3 5 6 8 8 3 6 6 8 6 3 5 0
4 7 7 3 9 9 3 9 7 2 1 0 4 6 0
8 6 8 7 6 8 6 4 6 6 3 3 0 5 3
4 6 8 3 3 5 3 2 3 4 8 9 5 5 2
6 2 9 1 5 6 4 5 5 9 0 3 1 9 3
5 9 8 7 2 9 9 4 6 4 9 4 6 9 2
```

NUMBER PUZZLE #160

```
0 9 1 4 5 7 6 4 2 3 8 8 9 7 2
8 7 5 4 5 3 5 4 6 7 1 5 0 4 7
6 6 3 9 8 9 1 2 9 9 1 2 1 2 2
8 5 2 9 2 3 8 7 4 9 5 2 9 5 7
4 3 9 4 8 7 1 4 3 9 8 4 9 9 7
0 8 8 9 1 8 1 1 6 7 5 4 0 3 9
2 0 5 6 1 1 7 1 1 2 8 9 6 7 5
9 3 5 9 5 5 9 0 9 2 3 0 0 0 8
2 5 4 7 2 5 7 7 8 6 0 1 0 4 2
7 4 0 7 0 1 0 5 6 8 7 7 7 7 1
9 2 5 4 6 8 6 8 4 8 8 0 0 2 9
5 3 6 0 2 6 0 7 1 5 7 1 2 3 5
9 0 8 1 6 4 3 0 1 7 6 6 9 6 1
4 9 5 1 6 9 8 0 7 8 5 8 8 2 4
2 7 9 5 3 6 0 6 8 6 3 7 1 8 3
```

9157
70178
593704
2779582
39891299
887088819
8402927959
95169807858
145764238897
7653803542309
360686371
9238749529
24119768768
729452970821
5468684880029

NUMBER PUZZLE #161

6	7	0	6	9	0	6	8	6	2	2	4	9	2	6
9	6	2	9	8	2	3	4	6	9	0	1	2	2	5
3	9	6	0	7	1	9	9	4	1	0	7	1	0	1
3	9	1	3	5	8	9	3	4	1	7	0	9	5	1
9	3	0	2	9	8	9	3	8	5	3	9	7	9	8
7	7	0	3	8	7	4	9	2	2	6	8	8	3	8
8	8	4	0	8	7	0	8	1	7	9	7	4	0	4
5	1	6	2	5	6	0	2	5	9	7	9	1	8	6
6	6	6	0	2	5	2	8	2	0	4	2	5	7	8
6	9	6	3	6	7	5	3	2	3	4	5	1	1	6
3	6	2	9	9	2	5	8	8	9	0	5	5	0	4
3	8	1	4	8	3	8	4	9	8	2	1	6	9	1
9	3	4	4	7	7	9	7	6	1	4	9	4	5	9
3	2	4	3	0	1	6	5	4	2	3	8	3	9	8
7	4	4	0	0	6	8	4	0	2	4	4	2	2	1

9951
70829
649893
2205930
33978566
932772101
7899194559
39702230149
934477976149
7205848504565
2992
83849
430165
4138488
61004666

NUMBER PUZZLE #162

7	9	0	8	6	8	5	5	7	4	5	2	1	8	7
8	4	8	7	7	2	8	1	9	2	2	6	6	8	8
0	8	8	9	0	6	4	1	6	6	7	1	4	8	0
8	3	3	6	7	8	0	7	6	0	0	2	8	5	8
2	7	1	8	5	8	6	5	2	3	5	3	8	8	6
8	3	9	1	5	2	4	0	0	1	2	8	0	1	1
0	9	3	7	2	6	2	5	4	7	2	2	2	3	9
6	5	4	9	7	3	7	9	5	4	4	8	7	8	7
5	4	6	7	2	7	9	9	3	3	7	2	8	8	0
8	6	6	1	3	3	2	8	0	8	8	2	2	6	6
3	1	9	0	9	5	4	0	3	0	4	3	5	2	0
3	1	6	9	2	5	3	5	9	6	6	0	8	1	8
4	5	7	8	0	2	6	2	6	0	3	6	5	5	2
8	9	9	0	6	5	4	0	9	7	3	3	1	4	0
6	7	5	7	8	9	3	4	6	6	8	2	1	3	9

8888
71480
706082
1632278
28065833
978455383
7395461159
38567900661
486522938405
6757893466821
3886
84500
507422
3466967
55745218

NUMBER PUZZLE #163

7825
72131
762271
1058626
22153100
923106674
6891727759
45193899856
533293088404
6309938429077
4780
85151
584679
2795446
50485770

```
1 0 5 8 6 2 6 2 3 2 5 5 1 0 2
4 3 5 8 4 2 9 8 7 0 8 2 9 6 8
1 9 9 3 3 4 0 5 4 9 0 7 3 9 6
7 6 5 2 3 4 7 8 0 2 5 0 8 7 4
9 6 8 9 6 2 5 6 4 7 9 4 2 9 6
2 1 2 9 6 7 9 5 4 9 8 1 4 2 8
3 8 5 2 7 4 5 3 3 9 3 2 2 6 9
1 8 3 0 7 3 7 8 0 1 5 1 5 1 1
0 5 6 2 0 1 4 9 5 8 5 1 2 4 7
6 4 4 1 6 2 6 3 4 3 8 4 4 0 2
6 5 7 2 9 8 1 6 1 3 7 4 0 9 7
7 5 4 0 5 5 7 0 6 8 9 9 0 2 7
4 5 7 1 3 9 0 0 2 7 6 0 4 4 5
3 7 5 4 5 1 9 3 8 9 9 8 5 6 9
4 1 2 2 1 2 9 1 9 0 9 8 3 6 3
```

NUMBER PUZZLE #164

```
4 8 5 8 0 2 9 7 4 5 2 4 6 5 1
5 8 2 3 5 5 7 6 7 1 7 6 6 6 6
2 1 0 4 3 8 0 7 9 4 1 1 2 7 2
2 7 8 4 2 6 5 6 6 9 3 3 5 4 4
6 6 2 1 7 1 7 2 3 7 6 1 8 1 0
3 3 5 1 9 9 9 6 7 3 6 8 0 9 3
2 4 0 8 2 8 4 0 8 8 4 6 0 0 6
2 4 7 2 5 3 9 7 0 2 3 7 6 3 7
7 2 2 4 3 3 9 9 4 4 2 7 3 8 3
8 3 7 7 6 9 8 2 0 0 5 5 2 2 8
9 8 8 8 4 1 1 1 5 5 7 7 3 9 1
6 9 2 3 4 3 6 0 8 3 1 9 8 5 4
7 6 5 5 5 3 4 3 5 4 6 6 4 7 5
2 9 2 6 7 3 4 0 4 0 6 5 0 3 6
1 1 8 4 3 3 0 6 4 1 9 0 3 4 8
```

6762
72782
818460
1903829
16240367
867757965
6387994359
51819899051
580063238403
5861983391333
5674
85802
661936
2123925
45226322

NUMBER PUZZLE #165

5699
73433
874649
2749032
10327634
812409256
5884260959
58445898246
626833388402
5414028353589
6568
86453
739193
1452404
39966874

```
9 7 9 1 0 3 2 7 6 3 4 3 7 6 9
4 0 7 2 6 5 6 8 6 3 7 5 6 8 5
2 6 5 8 8 4 2 6 0 9 5 9 3 4 5
8 7 3 4 3 3 9 1 2 4 6 9 1 8 8
3 7 1 9 3 8 4 7 0 7 9 4 7 5 4
7 0 1 9 8 5 7 5 3 6 0 4 6 3 4
4 2 6 6 2 7 7 9 6 2 6 5 2 6 5
6 4 4 4 1 0 1 8 8 4 9 2 7 4 8
9 5 0 0 4 9 7 3 9 6 7 9 4 6 9
3 4 1 4 3 4 5 8 9 1 5 3 9 8 8
6 2 6 8 3 3 3 8 8 4 0 2 0 0 2
3 0 7 9 5 5 7 8 6 9 6 6 3 0 4
3 1 4 8 1 2 8 6 3 5 3 9 2 1 6
6 5 9 0 5 5 6 9 9 5 6 2 6 0 2
0 1 8 1 2 4 0 9 2 5 6 6 7 9 6
```

NUMBER PUZZLE #166

```
2 5 8 5 5 3 8 0 5 2 7 5 5 9 4      4636
3 7 1 5 2 7 5 4 3 5 1 6 9 9 8      74084
4 3 8 1 3 8 7 9 7 8 5 1 6 1 2      930838
7 8 4 8 8 4 3 0 4 0 6 6 6 8 6      3594235
0 7 0 0 6 0 6 0 7 2 0 7 4 5 7      18551006
7 1 2 2 8 0 4 1 0 7 3 7 7 5 7      757060547
4 0 7 3 5 9 8 3 3 6 3 5 7 1 8      5380527559
2 4 8 4 7 9 7 3 0 8 1 5 4 0 3      65071897441
6 2 7 4 7 4 1 3 1 3 2 9 8 0 5      673603538401
0 0 8 4 0 5 5 6 4 1 2 6 0 6 3      4966073315845
4 8 4 7 8 3 4 6 3 2 0 5 4 2 5      7462
9 1 5 4 8 5 3 2 5 4 3 3 2 4 4      87104
8 2 5 4 0 6 2 7 4 0 8 4 9 1 1      816450
8 0 0 0 5 2 9 8 1 1 4 6 8 2 1      2203845
0 1 5 8 5 8 5 3 5 0 5 4 2 4 6      34707426
```

NUMBER PUZZLE #167

3573
74735
987027
4439438
26774378
701711838
4876794159
71697896636
720373688400
4518118278101
8356
87755
893707
2955286
29447978

```
7 7 3 3 6 1 1 8 7 7 5 5 8 7 5
4 0 5 9 2 0 0 4 6 2 1 5 2 0 8
1 5 2 9 5 5 2 8 6 1 7 0 1 9 5
3 6 1 8 4 0 9 0 1 1 3 7 3 0 2
7 5 2 8 3 8 3 1 6 7 5 7 6 9 0
1 8 7 3 1 3 7 9 3 3 0 2 4 8 0
8 3 5 6 4 1 7 6 7 7 6 4 7 2 8
3 0 3 1 7 8 8 4 7 7 7 0 7 8 3
5 7 6 1 9 8 9 2 7 9 1 7 2 7 5
3 4 7 6 4 8 2 4 7 7 4 1 8 6 7
4 7 6 0 7 0 3 8 1 8 3 1 1 2 3
3 3 0 0 4 7 4 1 4 5 1 3 5 0 6
6 5 2 8 8 9 8 7 9 4 4 0 7 9 8
1 7 4 4 5 3 3 9 5 3 0 7 1 0 3
2 6 0 7 8 7 7 5 4 4 3 9 4 3 8
```

NUMBER PUZZLE #168

```
8 4 4 2 7 0 2 5 5 9 4 6 8 5 9
8 9 0 4 0 3 4 9 2 5 0 3 8 8 9
4 7 9 7 9 1 0 5 2 3 7 8 5 7 6
0 8 8 0 0 9 4 4 1 0 2 0 0 7 4
6 6 9 3 8 1 1 4 6 6 4 9 6 3 6
2 0 0 2 2 8 6 7 2 5 6 7 8 4 3
6 4 0 5 8 3 2 3 2 4 1 9 9 9 6
8 1 4 5 5 7 8 8 2 4 4 0 5 9 3
1 7 3 3 0 7 4 9 3 4 5 6 0 7 1
5 0 8 2 2 6 9 8 5 0 0 1 2 7 2
6 0 6 2 4 5 3 1 2 8 7 3 6 5 9
4 7 7 1 2 8 1 6 3 6 3 5 5 0 0
6 9 7 7 3 2 1 0 4 4 2 1 3 7 9
7 3 3 9 2 8 3 8 1 0 3 7 3 8 5
5 1 9 4 3 7 3 0 6 0 7 5 9 3 6
```

2510
75386
900438
5284641
34997750
646363129
4373060759
78323895831
767143838399
4070163240357
9250
88406
970964
3706727
24188530

NUMBER PUZZLE #169

1447
76037
813849
6129844
43221122
591014420
3869327359
84949895026
813913988398
3622208202613
312886396
4593932559
46481843166
458860429876
5939072403965

```
8 2 4 4 5 8 8 6 0 4 2 9 8 7 6
9 1 9 3 1 8 5 5 0 1 4 7 9 6 9
3 6 3 3 4 9 4 4 3 6 8 6 6 3 0
8 8 8 9 9 4 3 8 4 5 3 9 9 5 9
0 4 6 3 1 2 8 8 6 3 9 6 0 9 4
9 5 7 9 6 3 1 9 6 8 4 1 6 1 4
6 5 0 3 3 8 9 7 1 3 3 1 3 0 5
6 1 9 4 4 2 6 8 2 5 2 8 5 1 9
3 8 4 3 7 0 7 2 8 9 5 8 2 4 3
3 2 1 4 3 1 1 3 8 3 9 1 0 4 9
6 6 3 7 7 1 4 4 5 7 9 0 0 2 3
6 3 0 0 2 2 4 8 6 9 7 8 7 0 2
3 3 6 2 2 2 0 8 2 0 2 6 1 3 5
4 5 9 3 9 0 7 2 4 0 3 9 6 5 5
3 8 4 9 4 9 8 9 5 0 2 6 7 6 9
```

NUMBER PUZZLE #170

```
6 4 3 0 9 1 5 7 5 8 9 4 2 2 1
5 3 5 4 0 5 1 8 0 8 4 9 8 4 1
9 7 1 7 4 9 2 0 6 7 7 6 5 4 2
0 2 8 7 5 7 2 9 5 1 0 4 0 5 5
0 7 1 8 4 7 8 6 2 6 5 3 9 3 0
2 5 1 2 8 2 9 4 8 7 8 2 7 5 5
0 0 1 9 3 7 5 4 5 1 1 6 4 6 7
8 7 9 4 5 1 1 3 9 8 6 6 4 6 2
8 1 2 0 4 3 0 9 1 8 9 5 7 5 5
8 5 4 7 8 4 8 0 8 6 7 6 1 7 7
2 7 6 3 2 4 4 3 9 2 4 4 6 1 1
6 8 9 4 4 6 7 9 7 4 6 8 6 1 5
1 7 7 8 3 0 0 6 4 4 5 7 6 7 9
1 4 5 0 3 3 6 5 5 9 3 9 5 9 9
4 1 3 0 9 8 3 8 1 4 1 6 0 7 3
```

3100
76688
727260
6975047
51444494
535665711
3365593959
91575894221
860684138397
3174253164869
354051808
5057257159
41309838141
403819984485
6590020888261

NUMBER PUZZLE #171

4753
77339
640671
7820250
59667866
480317002
2861860559
98201893416
907454288396
2726298127125
395217220
5520581759
36137833116
348779539094
7240969372557

```
7 2 9 8 2 0 1 8 9 3 4 1 6 0 9
9 3 9 6 6 4 6 2 1 5 6 1 9 6 7
8 6 8 7 2 9 8 1 9 4 1 0 4 2 7
2 1 8 7 8 5 3 6 0 9 7 7 4 1 5
8 3 2 5 0 4 6 6 8 4 5 0 6 5 5
6 7 3 4 8 7 7 9 5 3 9 0 9 4 2
1 8 8 3 8 1 3 4 0 6 7 3 7 8 0
8 3 5 6 0 3 2 9 9 7 6 9 6 0 5
6 3 6 3 4 8 7 3 5 7 9 8 3 3 8
0 1 3 1 8 9 7 7 8 2 9 5 6 1 1
5 1 1 3 7 2 3 7 3 4 1 1 4 7 7
5 6 9 6 5 1 0 6 7 3 8 7 5 0 5
9 6 1 5 8 9 4 7 8 9 4 2 0 9
9 6 7 6 6 7 8 2 0 2 5 0 3 2 7
2 7 2 6 2 9 8 1 2 7 1 2 5 6 0
```

NUMBER PUZZLE #172

```
9 5 4 2 2 4 4 3 8 3 9 5 2 5 7
6 4 3 1 7 1 2 1 5 1 0 3 8 8 5
7 5 6 0 1 0 9 7 7 9 5 3 9 6 2
8 7 9 9 9 5 8 6 7 8 8 1 3 2 2
9 6 8 8 1 6 5 5 1 7 9 1 7 5 9
1 8 9 5 3 5 5 2 2 1 9 8 0 3 3
2 5 5 0 8 9 7 8 7 2 3 9 0 5 7
3 4 5 4 5 1 0 8 2 4 0 2 0 5 3
8 3 4 6 5 2 5 6 3 8 9 9 4 3 9
6 3 0 9 8 6 6 0 3 8 0 9 3 5 0
4 9 8 4 8 0 8 1 8 5 0 9 8 6 9
0 6 2 5 9 9 2 8 5 7 9 1 1 7 3
6 2 3 4 3 6 3 8 2 6 3 2 2 7 7
6 5 6 8 7 9 0 8 6 6 5 4 5 3 0
1 5 1 9 1 5 4 2 4 9 6 8 2 9 3
```

6406
77990
554082
8665453
67891238
424968293
2358127159
93029888391
954224438395
2278343089381
436382632
5983906359
30965828091
293739093703
7891917856853

NUMBER PUZZLE #173

8059
78641
467493
9510656
76114610
369619584
1854393759
87857883366
899183993004
1830388051637
477548044
6447230959
25793823066
238698648312
8542866341149

```
3 6 9 6 1 9 5 8 4 4 6 7 4 9 3
8 4 2 4 0 9 6 0 8 0 9 1 3 7 8
5 2 3 2 7 5 0 6 7 2 4 2 8 1 1
4 5 8 8 9 7 6 8 8 3 3 6 8 7 6
2 7 6 3 9 1 5 0 5 0 4 3 4 6 4
8 9 9 9 1 9 3 4 7 1 0 1 1 1 4
6 3 8 0 4 2 1 3 8 3 3 8 2 1 7
6 8 6 5 2 3 6 8 8 0 5 7 9 4 2
3 2 4 8 5 6 8 8 3 4 4 5 1 6 3
4 3 8 3 9 2 0 5 3 9 1 4 6 1 0
1 0 3 8 6 5 7 9 6 0 9 8 0 0 9
1 6 1 8 1 1 3 3 6 1 8 3 0 0 5
4 6 2 6 7 7 0 5 2 3 4 4 0 5 9
9 3 3 2 5 5 6 3 0 3 1 0 6 0 9
4 7 6 9 3 3 8 1 3 4 6 8 4 4 4
```

NUMBER PUZZLE #174

```
4 3 1 2 0 6 2 1 8 1 8 0 4 1 0
4 8 4 4 1 4 3 5 4 7 6 1 3 3 8
8 4 3 3 7 9 8 2 1 3 6 3 3 1 7
8 6 8 1 5 1 8 7 1 3 4 5 6 3 0
2 8 2 5 1 9 6 2 4 1 7 6 2 8 7
8 0 6 1 8 3 6 5 8 2 0 2 9 2 1
8 8 8 5 3 8 9 9 7 4 7 0 0 4 3
3 4 5 5 2 1 0 3 8 0 9 0 4 3 5
9 1 8 6 1 4 4 8 8 9 2 3 7 3 0
1 2 7 1 0 8 0 2 0 6 3 7 9 0 6
3 1 8 6 9 2 9 4 7 9 7 7 2 1 6
5 8 3 3 4 5 0 7 4 0 1 7 9 3 0
8 6 4 1 3 4 5 0 7 2 8 9 2 8 3
9 7 1 3 0 4 3 6 2 0 8 7 3 9 5
2 6 9 1 0 5 5 5 5 5 9 4 5 3 9
```

9712
79292
380904
8839135
84337982
314270875
1350660359
82685878341
844143547613
1382433013893
518713456
6910555559
20621818041
183658202921
9193814825445

NUMBER PUZZLE #175

8443
79943
294315
8167614
92561354
258922166
1813984959
77513873316
789103102222
2033381498189
559878868
7373880159
15449813016
128617757530
9844763309741

```
9 5 9 1 2 8 6 1 7 7 5 7 5 3 0
8 7 9 1 7 8 6 3 0 2 1 4 2 2 0
4 2 3 2 7 5 1 6 9 8 9 0 3 7 4
4 1 6 7 2 1 9 6 1 5 3 4 7 5 4
7 2 5 0 3 1 9 3 7 3 2 8 3 7 5
6 4 6 4 3 8 9 6 3 6 9 0 7 1 5
3 5 6 9 4 8 8 2 1 1 5 9 5 5
3 8 9 0 4 9 1 0 0 1 1 4 2 1 9
0 1 4 9 0 4 8 3 1 3 9 1 5 8 8
9 9 5 4 9 9 1 1 8 5 1 1 6 4 7
7 9 6 8 3 0 8 7 3 5 9 6 1 3 8
4 8 1 4 2 2 3 3 0 0 0 4 3 6 8
1 8 4 2 1 3 1 4 7 3 1 0 5 9 6
9 2 2 9 1 7 9 9 4 3 6 6 4 3 8
5 2 9 6 2 3 2 5 8 9 2 2 1 6 6
```

NUMBER PUZZLE #176

```
7 8 7 9 9 7 2 0 3 5 7 3 4 5 7
2 7 9 1 6 7 9 3 8 2 5 1 4 3 3
6 8 3 9 7 5 9 2 4 9 0 2 4 2 9
8 3 5 6 3 4 4 4 0 2 1 0 3 2 7
4 7 8 6 0 0 5 1 7 7 6 2 9 7 8
3 2 4 7 8 8 2 7 1 2 7 9 0 7 1
2 0 3 9 2 5 8 1 6 1 4 2 3 3 3
9 4 8 8 6 0 0 5 1 5 9 9 6 0 4
9 7 3 5 7 0 6 5 2 0 4 3 9 9 8
8 5 1 9 8 8 9 4 9 2 0 6 8 5 0
2 9 9 4 3 4 4 3 5 5 9 1 9 5 5
4 1 1 1 8 7 3 0 1 9 0 6 1 9 9
8 8 7 2 3 4 1 8 6 8 2 9 1 3 4
5 2 0 0 3 8 1 9 8 3 4 8 8 6 5
5 5 5 0 1 6 0 1 0 4 4 2 8 0 7
```

7174
80594
207726
7496093
87301906
203573457
2277309559
72341868291
734062656831
2684329982485
601044280
7837204759
10277807991
200381983488
8993021100113

5905
81245
121137
6824572
82042458
148224748
2740634159
67169863266
679022211440
3335278466781
8155
89057
902468
4458168
18929082

```
8 4 3 5 2 2 7 4 0 6 3 4 1 5 9
0 1 8 9 2 9 0 8 2 2 9 8 3 9 9
6 9 9 2 6 6 8 4 8 7 0 6 5 2 0
3 3 3 5 2 7 8 4 6 6 7 8 1 5 2
5 2 0 8 1 5 5 0 5 5 2 9 8 9 4
8 7 6 7 1 6 9 8 6 3 2 6 6 9 6
6 7 9 0 2 2 1 1 4 4 0 7 1 8
8 0 2 5 3 8 6 4 4 0 3 1 5 4 5
4 1 5 2 6 8 2 9 0 9 7 2 5 8 9
3 8 2 4 2 8 2 0 1 0 0 1 7 2 0
7 4 4 0 9 4 5 4 9 5 1 1 2 5
5 4 5 4 5 0 2 2 8 2 9 3 7 4 0
8 7 3 0 7 5 0 5 5 3 4 7 0 7 5
2 3 7 8 0 7 3 9 9 5 7 5 9 4 6
4 4 5 8 1 6 8 2 8 7 0 2 8 8 8
```

NUMBER PUZZLE #178

```
3 1 9 6 6 1 9 9 7 8 5 8 2 4 1    4636
3 2 3 7 2 5 1 5 2 0 9 6 0 9 8    81896
1 9 6 2 3 9 8 1 7 6 6 0 4 9 8    198394
9 4 8 8 3 1 3 8 1 8 0 7 8 8 3    6153051
8 2 8 6 1 2 7 2 0 0 9 4 1 1 7    76783010
3 6 0 9 2 6 0 5 1 6 4 8 2 6 5    189390160
9 3 1 9 7 2 2 3 2 0 9 7 7 8 3    3203958759
4 8 6 4 8 0 6 6 9 6 8 8 5 4 3    61997858241
6 6 6 3 1 6 8 9 0 5 3 0 5 8 4    623981766049
8 3 0 3 9 1 1 7 5 0 8 0 0 8 7    3986226951077
6 4 5 6 3 4 0 4 1 1 8 7 1 3 5    7060
7 6 3 4 0 6 2 0 4 4 0 1 5 3 0    89708
8 4 0 7 0 3 7 0 0 7 5 7 6 9 7    833972
6 1 5 3 0 5 1 9 1 2 7 1 7 7 1    5209609
4 0 3 3 1 8 9 3 9 0 1 6 0 2 4    13669634
```

NUMBER PUZZLE #179

3367
82547
275651
5481530
71523562
230555572
3667283359
56825853216
568941320658
4637175435373
5965
90359
765476
5961050
19103859

```
4 6 3 7 1 7 5 4 3 5 3 7 3 8 0
7 9 1 5 7 6 5 4 7 6 2 1 6 8 1
1 0 2 6 7 7 1 7 7 8 2 5 4 7 2
0 3 4 0 3 0 5 2 1 0 2 2 5 5 4
1 5 2 3 0 5 5 5 5 7 2 3 9 1 2
2 9 0 7 0 8 7 5 4 8 1 5 6 7 0
2 5 4 8 1 5 3 0 4 5 3 6 1 3 3
6 2 9 1 0 7 3 3 9 4 2 0 2 0
1 9 1 0 3 8 5 9 7 6 8 3 5 9 3
4 3 4 7 5 2 4 6 4 5 4 1 0 0 3
8 3 6 6 7 2 8 3 3 5 9 3 6 0 6
4 6 6 5 6 8 9 4 1 3 2 0 6 5 8
8 7 6 9 8 5 7 5 3 6 7 7 1 0 7
0 5 0 6 5 8 9 9 9 0 8 3 6 3 4
1 4 5 6 8 2 5 8 5 3 2 1 6 7 3
```

NUMBER PUZZLE #180

```
0 8 8 6 0 2 5 4 9 0 0 4 4 8 7      2098
2 4 4 8 1 0 0 0 9 4 6 1 8 3 1      83198
6 5 2 4 5 3 8 0 8 4 3 5 5 3 5      352908
6 4 2 0 9 9 8 0 8 0 5 5 1 3 1      4810009
2 7 7 8 0 2 6 3 6 9 1 6 3 7 6      66264114
6 8 3 9 8 4 0 0 4 3 1 9 0 0 5      271720984
4 9 9 5 8 1 7 9 9 5 6 6 5 5 3      4130607959
1 6 9 7 2 9 2 0 8 9 4 9 6 7 8      51653848191
1 7 0 6 5 9 0 3 3 9 3 8 7 3 4      513900875267
4 0 1 9 1 8 0 1 9 4 1 0 9 6 8      5288123919669
3 3 1 8 7 0 2 8 8 1 4 0 6 1 1      4870
9 5 6 5 6 8 3 1 9 8 9 6 1 1 9      91010
3 8 2 7 1 7 2 0 9 8 4 6 1 0 1      696980
8 6 9 5 1 5 7 8 5 1 4 7 6 6 6      6712491
7 4 6 7 1 2 4 9 1 8 6 0 7 9 3      24538084
```

NUMBER PUZZLE #181

9055
32198
829848
4848008
55190601
419204156
4124462364
28287929649
665615568258
3654510631719
3775
91661
628484
7463932
29972309

```
1 3 2 3 1 5 7 9 5 3 5 7 4 8 6
7 6 6 5 6 1 5 5 6 8 2 5 8 0 1
8 7 4 5 2 9 9 7 2 3 0 9 2 6 2
6 0 3 9 4 5 5 1 9 0 2 9 5 9 8
9 5 5 1 7 5 4 5 7 6 0 9 8 6 2
4 3 2 1 9 8 1 6 1 3 6 2 2 4 8
6 3 2 8 4 7 8 0 7 9 9 0 1 1 7
3 1 4 8 6 6 7 7 6 8 0 2 8 3 9
7 8 0 3 4 9 5 4 4 3 4 6 1 9 2
0 0 9 8 1 5 4 8 6 4 1 0 0 3 9
8 7 2 6 3 9 0 2 6 3 7 7 8 1 6
9 0 6 5 7 6 8 2 0 1 9 4 1 2 4
6 1 8 6 7 4 3 3 5 2 7 3 0 9 9
9 0 5 5 8 6 9 7 9 8 6 8 2 6 6
0 3 0 4 4 1 9 2 0 4 1 5 6 8 5
```

NUMBER PUZZLE #182

```
2 0 4 9 5 9 6 5 7 4 5 0 1 5 4
3 8 2 1 5 3 7 3 6 0 7 6 9 0 7
3 4 7 3 5 8 3 9 6 7 2 8 3 1 4
4 3 5 2 9 4 3 5 4 0 6 5 3 4 2
9 2 0 2 9 4 6 0 1 3 8 0 7 3 4
9 9 8 7 8 9 2 1 7 2 0 4 0 5 4
1 2 4 1 8 1 4 9 4 0 5 1 6 5 6
3 3 9 0 2 3 7 1 9 4 7 0 1 4 8
1 1 4 2 5 6 9 5 4 2 6 5 9 7 5
9 2 5 0 8 8 9 5 5 8 5 6 3 0 5
6 9 2 6 8 0 2 0 5 7 8 4 2 7 7
7 1 7 2 6 0 5 6 4 3 5 5 4 1 7
6 2 2 2 3 9 6 4 6 4 0 2 7 6 6
3 2 2 2 4 2 0 7 6 6 3 1 7 3 5
0 7 4 4 5 2 1 0 2 1 9 0 6 3 1
```

9470
24207
882220
5575273
50191550
495965745
4491368009
23349913196
744521021906
4244685577651
2680
92312
559988
8215373
35406534

NUMBER PUZZLE #183

9885
14783
934592
6302538
45192499
572727334
4858273654
18411896743
823426475554
4834860523583
1585
92963
491492
8966814
40840759

```
2 7 6 2 6 8 9 6 6 8 1 4 1 7 5
6 1 5 5 1 5 8 5 3 6 2 6 3 4 3
4 3 8 0 7 3 1 9 9 8 3 9 8 8 5
8 3 8 7 7 8 4 2 5 8 1 5 7 1 3
3 4 2 3 3 3 9 5 7 4 8 7 4 5 7
4 4 3 2 2 6 3 5 2 2 4 8 5 8 6
8 9 4 9 3 7 8 2 7 8 1 7 7 2 1
6 1 2 0 0 0 6 3 2 8 1 4 4 9 9
0 4 6 1 2 3 6 0 7 3 8 5 0 3 2
5 9 4 4 0 5 7 1 3 2 9 5 8 4 5
2 2 7 2 4 3 4 4 3 8 6 3 4 5 5
3 4 5 6 4 3 4 7 4 5 7 0 0 9 1
5 3 5 8 6 3 8 8 9 2 4 7 7 2 4
8 8 5 7 0 3 4 3 0 6 3 0 5 5 5
3 9 4 4 5 1 9 2 4 9 9 8 9 9 0
```

NUMBER PUZZLE #184

```
9 9 5 6 1 9 9 8 1 5 9 3 4 6 9
8 5 3 7 6 5 2 2 5 1 7 9 2 9 9
9 5 2 9 0 2 4 5 0 0 8 0 9 3 0
7 8 8 4 7 2 0 6 8 0 5 4 5 4 2
1 9 8 5 2 9 9 0 2 0 3 6 4 5 3
8 8 5 8 8 2 6 8 0 7 1 8 4 0 3
2 9 0 6 9 3 9 2 0 3 4 5 0 4 1
5 0 9 2 8 8 8 9 4 3 0 9 3 5 9
5 6 3 1 1 7 2 0 6 3 9 7 8 4 2
4 2 6 1 7 9 1 3 8 6 6 5 7 4 9
1 0 5 6 4 9 4 8 8 9 2 3 0 3 2
5 4 2 5 0 3 5 4 6 9 5 1 5 3 0
1 2 4 0 1 9 3 4 4 8 8 4 7 6 2
0 7 1 4 6 0 7 9 6 2 9 3 6 1 4
1 3 4 7 3 8 8 0 2 9 0 5 8 3 1
```

8982
20364
986964
7029803
40193448
649488923
5225179299
13473880290
902331929202
5425035469515
2000
93614
422996
9718255
46274984

NUMBER PUZZLE #185

8079
25945
921053
7757068
35194397
726250512
5592084944
20118389889
981237382850
6015210415447
642209692
8300529359
18199839991
272146209446
8141278890485

```
4 2 0 4 2 7 1 4 8 2 7 3 9 3 0
2 0 3 5 0 3 8 7 0 9 7 0 6 1 1
8 1 8 5 8 2 1 9 7 3 6 9 2 7 6
3 1 3 9 2 7 9 9 9 2 6 8 6 0 9
0 8 5 2 7 8 9 2 1 0 5 3 1 5 5
0 3 1 0 2 4 8 3 5 7 0 5 2 3 2
5 8 9 8 1 2 3 7 3 8 2 8 5 0 5
2 9 4 4 4 3 9 4 5 1 6 9 8 0 9
9 8 3 9 6 7 9 3 0 1 2 9 4 5 4
3 8 9 4 2 6 9 4 4 4 6 6 4 4 5
5 9 7 4 0 8 1 7 7 5 7 0 6 8 2
9 7 9 8 9 5 3 3 3 3 7 0 1 4 1
7 4 8 1 4 1 2 7 8 8 9 0 4 8 5
7 5 6 4 4 6 6 4 2 2 0 9 6 9 2
6 6 7 2 6 2 5 0 5 1 2 4 3 6 3
```

NUMBER PUZZLE #186

```
8 6 8 7 1 7 6 9 1 6 0 8 9 9 2      7176
7 5 6 1 6 8 0 3 0 1 2 1 0 1 6      31526
2 2 8 0 3 8 8 4 8 4 3 3 3 3 7      855142
5 3 9 2 5 6 3 7 9 8 0 7 6 2 6      8484333
9 4 0 8 8 3 5 3 7 4 9 5 8 6 2      30195346
5 3 3 3 3 3 8 6 7 5 4 9 1 1 8      803012101
8 9 8 0 0 9 3 5 1 5 5 4 5 2 9      5958990589
9 1 0 1 1 8 4 8 3 3 1 9 5 1 9      26762899488
9 0 0 0 5 9 5 0 6 6 5 0 3 8 4      729839401818
0 4 9 3 9 5 5 6 1 7 1 0 4 7 8      6605385361379
5 3 9 7 1 2 8 3 4 8 5 3 1 1 8      683375104
8 5 2 4 2 0 6 8 4 4 1 1 7 9 7      8763853959
9 4 2 6 8 8 4 5 5 6 8 8 6 9 0      26121871991
9 0 3 5 6 8 3 1 5 2 6 3 6 1 5      343910435404
3 4 7 9 6 7 7 2 1 4 7 1 4 8 1      7289536680857
```

NUMBER PUZZLE #187

6273
37107
789231
9211598
25196295
879773690
6325896234
33407409087
478441420786
7195560307311
724540516
9227178559
34043903991
415674661362
6437794471229

```
7 0 8 8 7 9 7 7 3 6 9 0 5 4 6
8 2 6 3 2 5 8 9 6 2 3 4 6 1 9
2 8 7 8 9 2 3 1 9 8 3 4 6 5 9
8 3 7 1 0 7 6 3 3 3 3 0 3 6 2
0 7 3 3 9 3 1 2 4 7 4 4 9 7 2
4 0 2 4 4 5 3 2 7 3 0 3 2 4 7
1 2 5 4 4 5 5 9 4 4 4 6 1 6 1
8 0 4 3 5 6 4 6 3 9 0 5 1 6 7
3 3 4 0 7 4 0 9 0 8 7 2 5 1 8
2 6 6 5 7 6 0 1 6 3 5 0 9 3 5
0 5 0 1 3 3 0 5 0 2 0 2 8 6 5
4 5 2 4 9 5 5 5 1 1 7 7 0 2 9
6 2 5 9 3 3 6 7 0 6 1 3 3 7 9
9 4 1 2 5 1 9 6 2 9 5 7 3 1 7
1 1 4 7 8 4 4 1 4 2 0 7 8 6 1
```

NUMBER PUZZLE #188

```
1 4 1 9 6 5 9 3 5 9 9 1 0 7 9
8 8 9 8 6 6 2 9 7 5 3 0 7 6 5
2 7 5 7 9 6 9 5 7 3 1 0 2 5 3
0 4 6 9 9 9 2 6 8 7 4 9 3 7 8
1 3 5 1 9 2 4 5 5 0 0 4 3 0 9
9 8 3 1 4 8 2 3 7 6 0 3 2 5 6
7 8 4 4 2 0 9 5 3 9 5 9 0 9 9
2 8 8 3 6 1 7 2 5 7 1 5 5 2 0
4 7 5 2 8 8 2 7 2 3 9 7 9 8 5
4 3 3 1 8 7 6 9 5 2 1 5 1 3 0
0 2 5 0 9 9 3 9 3 3 3 8 4 0 3 3
4 0 5 5 8 6 0 5 2 2 6 1 6 0 1
8 5 3 1 0 5 0 5 4 6 8 5 3 1 5
9 9 3 8 8 6 3 5 3 0 6 3 3 3 9
2 8 2 2 7 0 4 3 4 3 9 7 5 4 6
```

5370
42688
723320
9938863
20197244
956535279
6692801879
40051918686
227043439754
7785735253243
765705928
9690503159
41965935991
487438887320
5586052261601

NUMBER PUZZLE #189

4467
48269
657409
9023819
15198193
900391895
7059707524
46696428285
310384905893
8375910199175
806871340
9109475994
49887967991
559203113278
4734310051973

```
4 9 9 5 5 9 2 0 3 1 1 3 2 7 8
5 7 0 0 7 4 6 3 3 2 1 9 8 1 2
3 2 3 1 9 9 2 9 4 7 4 1 0 8 0
7 1 2 4 5 8 5 7 5 4 9 0 6 3 3
4 0 0 4 3 1 6 7 6 4 9 9 8 7 8
9 4 5 3 6 1 9 7 2 4 2 4 7 5 4
8 6 6 9 8 6 0 8 9 6 9 7 1 9 8
8 5 3 0 7 4 9 0 1 2 7 5 3 1 2
7 7 9 0 7 0 9 6 5 9 7 9 4 0 6
9 4 2 3 9 1 7 0 4 1 3 9 0 1 9
6 0 0 9 8 9 5 5 5 2 9 4 9 9 2
7 9 7 1 2 6 3 8 2 8 8 7 2 9 4
9 2 8 8 6 3 8 1 5 4 9 2 3 1 3
9 0 5 9 9 0 2 3 8 1 9 3 8 7 5
1 2 5 5 2 3 3 1 1 3 2 0 2 5 1
```

NUMBER PUZZLE #190

```
9 9 4 0 1 3 6 6 3 7 8 0 4 0 3
6 3 0 9 6 7 3 3 9 2 3 6 8 9 6
8 4 8 0 3 6 7 5 2 5 8 9 3 3 5
4 7 4 7 7 1 3 0 5 8 6 7 8 4 9
3 3 0 9 1 4 4 6 5 6 2 8 5 5 0
5 1 5 8 2 6 5 2 0 6 2 1 7 3 2
6 8 9 1 4 4 8 8 3 5 3 0 8 3 5
4 3 1 6 5 4 5 7 6 3 8 8 0 4 3
2 4 4 2 4 1 2 7 0 8 1 7 9 0 7
2 4 9 8 4 0 8 4 9 5 1 7 9 9 7
2 7 8 5 3 4 5 5 8 0 1 5 9 3 7
5 2 1 2 2 6 9 9 0 5 2 3 9 7 8
9 0 5 3 6 8 5 3 5 3 1 2 9 8 5
7 7 4 2 6 6 1 3 1 6 9 1 9 8 8
2 5 5 2 1 0 1 9 9 1 4 2 1 4 4
```

3564
53850
591498
8108775
10199142
844248511
7426613169
53340937884
393726372032
8966085145107
848036752
8528448829
57809999991
630967339236
3882567842345

NUMBER PUZZLE #191

2661
59431
525587
7193731
17183958
788105127
7793518814
59985447483
477067838171
9556260091039
889202164
7947421664
65732031991
702731565194
3030825632717

```
7 0 9 1 7 8 8 1 0 5 1 2 7 4 3
7 5 3 5 2 5 5 8 7 8 8 7 6 3 9
9 6 4 1 2 5 8 8 2 6 0 4 0 5 5
3 5 9 7 2 9 1 0 4 2 3 3 5 9 5
5 7 1 6 0 4 8 3 7 7 0 6 9 1 9
1 3 7 1 9 3 7 3 1 8 2 8 0 7 1
8 2 9 0 7 1 1 5 2 6 5 1 7 9 4
8 0 3 1 2 5 0 5 0 4 9 5 3 4 3
1 3 4 5 6 8 6 0 4 3 2 3 4 7 8
4 1 8 5 6 3 9 7 4 2 4 6 4 4 4
4 9 1 7 2 1 4 2 2 2 4 0 6 2 9
2 9 6 7 0 8 4 0 4 2 1 4 7 1 8
4 1 1 3 3 2 8 8 9 2 0 2 1 6 4
2 7 9 3 1 7 1 8 3 9 5 8 7 6 4
3 4 7 7 0 6 7 8 3 8 1 7 1 4 7
```

NUMBER PUZZLE #192

```
7 7 4 4 9 5 7 9 1 1 5 2 1 1 2
0 1 0 6 0 4 5 8 1 0 1 1 4 4 1
3 7 1 0 4 2 0 9 5 9 0 8 3 9 7
5 3 6 5 0 1 2 3 5 7 1 0 3 5 9
7 6 2 7 8 6 8 7 6 6 4 9 4 6 0
3 5 1 5 2 1 8 7 0 2 9 3 7 6 8
1 4 7 3 3 0 5 4 4 3 4 3 2 6 3
9 0 6 1 5 2 2 8 0 8 6 2 4 2 4
6 6 0 7 9 4 4 3 9 6 8 4 1 9 2
1 3 4 4 4 1 6 4 3 6 4 1 7 9 3
7 9 9 5 7 7 2 9 0 6 5 6 5 5 0
4 9 9 0 5 9 4 7 4 8 9 8 8 7 8
3 1 0 7 3 4 1 4 3 6 6 7 6 0 9
6 7 6 6 9 5 0 4 1 3 7 7 4 8 2
4 5 3 9 8 9 2 7 0 6 6 4 9 2 2
```

1758
65012
459676
6278687
24168774
731961743
8160424459
66629957082
560409304310
1060458101144
930367576
7366394499
73654063991
774495791152
2179083423089

NUMBER PUZZLE #193

2219
70593
393765
5363643
31153590
675818359
8527330104
73274466681
643750770449
2308892840417
2415
94265
354500
9009374
51709209

```
6 5 9 1 8 1 2 6 9 5 0 0 2 8 5
7 0 3 7 0 5 2 8 5 4 2 3 3 5 8
5 3 6 6 8 1 1 3 2 5 0 1 9 2 4
8 5 4 6 3 2 9 3 2 8 8 9 3 7 3
1 4 9 8 6 6 1 6 8 4 0 9 7 3 4
8 0 7 9 3 1 4 9 5 0 1 0 6 3 5
3 8 9 0 5 6 2 3 9 0 1 5 5 0 1
5 4 9 3 5 8 7 3 3 1 5 2 5 1 1
9 9 5 3 4 9 7 1 5 4 5 5 5 0 7
4 9 2 0 1 4 3 5 5 6 7 4 4 4 0
0 1 4 2 7 3 2 7 4 4 6 6 6 8 1
1 1 6 8 5 2 9 5 3 3 5 4 5 0 0
7 6 4 3 7 5 0 7 7 0 4 4 9 5 0
6 2 0 6 0 5 1 7 0 9 2 0 9 5 5
5 6 1 0 8 7 0 2 9 7 9 4 2 6 5
```

NUMBER PUZZLE #194

```
6 7 8 0 2 0 1 0 9 4 7 0 4 4 3
6 0 8 3 0 0 4 9 3 3 9 9 3 4 6
1 3 2 0 0 2 6 2 1 8 9 1 7 9 7
9 5 5 3 2 7 8 5 4 1 1 8 6 4 2
6 4 8 5 2 2 8 6 1 3 8 0 4 2 7
7 4 3 8 7 8 2 0 2 8 9 9 7 2 0
4 4 5 2 9 3 3 8 0 4 7 0 8 7 9
9 2 7 7 6 4 2 6 8 0 6 6 7 6 2
7 8 9 8 1 8 2 7 8 6 2 9 7 7 2
5 6 7 6 5 4 0 3 5 9 8 8 6 5 3
6 0 6 9 1 2 3 1 5 7 0 6 1 2 6
9 0 2 9 7 3 0 4 9 7 9 8 7 8 5
9 4 3 4 0 8 2 4 3 8 4 6 4 3 8
5 6 4 4 4 8 5 9 9 4 5 9 9 0 8
1 7 3 3 6 1 5 4 9 4 9 1 6 0 3
```

2680
76174
327854
4448599
38138406
619674975
8894235749
79918976280
727092236588
3557327579690
2830
94916
286004
8300493
57143434

NUMBER PUZZLE #195

3141
81755
261943
3533555
45123222
563531591
9261141394
86563485879
810433702727
4805762318963
3245
95567
217508
7591612
62577659

```
6 0 4 6 0 1 3 7 2 6 1 9 4 3 4
1 9 5 8 9 2 6 2 5 7 7 6 5 9 3
6 8 0 4 0 2 5 9 7 7 7 1 0 8 1
1 1 6 9 7 5 6 3 1 5 0 7 7 0 4
0 0 5 5 5 8 7 1 2 7 9 7 9 5 3
8 4 6 7 6 5 1 6 1 0 4 1 0 4 2
4 3 3 5 3 3 6 7 2 4 1 6 6 6 4
5 3 5 1 3 5 4 7 5 3 1 1 7 1 5
1 7 3 3 6 5 3 8 8 5 1 3 2 6 2
2 0 1 5 9 4 3 2 5 3 4 8 9 2 8
3 2 5 4 7 8 1 3 6 8 1 6 9 4 6
2 7 9 1 6 7 0 9 5 5 7 4 0 6 2
2 2 1 1 5 5 4 4 8 5 2 9 1 8 3
2 7 8 0 3 8 5 2 4 5 5 9 1 9 9
2 3 8 8 3 2 1 2 8 6 4 7 2 8 2
```

NUMBER PUZZLE #196

```
3 8 6 3 2 3 6 6 0 8 7 8 8 3 6
5 1 8 8 5 9 5 3 8 7 9 8 6 3 8
0 8 0 5 8 4 2 9 6 3 9 0 0 6 9
7 3 1 9 1 2 6 9 7 3 2 9 7 0 1
3 4 1 3 8 9 7 7 6 6 8 9 7 2 5
8 9 8 0 3 1 5 3 3 2 1 6 5 1 2
8 2 8 3 2 1 9 3 1 4 1 2 1 6 1
2 8 4 6 6 7 0 0 5 1 7 8 1 6 0
0 5 1 8 1 9 6 0 3 2 5 0 0 6 8
7 7 8 6 6 7 2 5 7 0 8 4 2 7 0
9 6 9 3 2 0 7 9 9 5 4 7 8 2 3
6 4 0 7 7 9 4 1 0 8 9 0 4 0 8
6 0 5 4 1 9 7 0 5 8 2 3 6 2 9
1 4 9 0 1 2 4 6 0 2 8 9 4 3 1
1 7 0 5 5 4 2 6 1 8 5 1 1 6 1
```

3602
87336
196032
2618511
52108038
507388207
9628047039
93207995478
893775168866
6054197058236
3660
96218
149012
6882731
68011884

NUMBER PUZZLE #197

4063
92917
130121
1703467
59092854
451244823
9994952684
99852505077
977116635005
7302631797509
4075
96869
201384
6173850
73446109

```
9 0 1 6 8 0 7 3 4 4 6 1 0 9 4
3 7 0 9 3 6 1 9 0 3 1 3 3 4 0
5 3 0 9 5 9 8 9 8 6 5 9 6 1 6
2 0 3 8 9 9 9 3 9 0 5 4 7 3
2 2 8 5 9 2 0 4 6 3 0 4 9 0 5
4 6 9 2 3 0 4 9 4 3 0 3 3 3 4
9 3 4 5 0 1 0 5 2 5 8 9 6 4 2
2 1 4 0 4 3 7 2 7 8 3 2 2 6 6
9 7 7 5 7 8 5 6 5 8 5 6 8 7 1
1 9 7 0 6 4 8 8 4 5 2 4 7 9 7
7 7 7 2 4 4 1 3 0 1 2 1 3
6 5 9 7 7 1 1 6 6 3 5 0 0 5 8
0 0 9 7 7 4 5 1 2 4 4 8 2 3 5
4 9 0 2 3 4 0 1 1 6 9 4 0 5 0
9 5 3 3 3 1 0 9 6 8 6 9 8 7 0
```

NUMBER PUZZLE #198

```
9 2 2 2 0 3 8 8 4 9 9 5 5 2 9     4524
9 1 9 0 1 3 5 1 5 6 9 6 8 8 3     98498
0 3 1 9 3 8 2 0 2 7 3 5 4 0 5     190135
0 6 6 4 2 9 7 6 5 9 5 9 4 0 4     2395103
8 7 9 0 5 1 5 2 9 1 8 0 2 1 0     66077670
8 8 2 9 3 6 0 1 0 2 3 4 3 7 1     395101439
3 8 0 3 7 4 0 6 3 6 3 8 0 9 3     9513949845
9 8 6 3 5 5 6 9 6 9 8 1 8 6 8     92220388499
8 0 5 1 6 5 5 6 5 1 4 2 3 2 0     900883982983
2 3 6 6 3 1 1 1 0 3 5 9 9 7 3     8551066536782
9 3 9 6 0 8 0 0 9 7 7 4 8 0 8     4490
8 4 7 3 6 1 4 3 2 1 7 3 4 4 6     97520
3 8 4 1 4 5 0 0 0 9 3 6 8 9 5     253756
2 4 0 3 2 6 2 3 0 7 2 4 7 0 0     5464969
1 3 9 4 6 7 5 4 6 4 9 6 9 0 0     78880334
```

NUMBER PUZZLE #199

4985
90013
250149
3086739
73062486
338958055
9032947006
84588271921
824651330961
9799501276055
4905
98171
306128
4756088
84314559

```
1 5 4 7 3 0 6 2 4 8 6 5 5 7 9
8 4 3 1 4 5 5 9 1 4 4 8 8 7 3
2 3 7 0 2 0 2 0 6 9 7 9 8 9 9
4 7 8 8 5 4 4 2 9 8 4 7 0 0 3
6 0 3 0 6 1 2 8 1 5 9 9 7 3 4
5 3 0 8 6 7 3 9 3 1 0 9 7 2 7
1 8 4 2 3 7 5 7 6 9 5 5 9 9 6
3 3 3 8 9 5 8 0 5 5 0 0 9 4 5
3 2 3 2 5 0 1 4 9 5 0 1 4 7 9
0 6 8 4 5 8 8 2 7 1 9 2 1 0 9
9 5 9 8 1 7 1 5 3 4 6 7 2 0 2
6 8 3 4 7 5 6 0 8 8 4 6 6 6 6
1 8 9 2 9 4 2 7 3 0 8 0 4 0 8
5 9 0 4 6 6 3 3 1 1 2 5 4 5 1
7 1 5 4 3 7 7 5 4 2 1 5 5 8 7
```

NUMBER PUZZLE #200

```
4 8 3 5 8 5 0 0 6 4 0 6 2 9 7
8 6 0 5 4 0 4 7 2 0 7 4 0 8 9
7 6 9 5 6 1 5 5 3 4 3 0 9 8 6
2 7 0 3 8 8 9 3 5 4 8 6 7 2 2
0 1 2 0 1 1 6 4 7 8 9 7 9 2 8
9 0 9 2 9 0 1 6 8 7 5 2 5 1 8
5 6 6 2 7 1 1 9 2 7 8 3 8 1 1
7 9 0 7 4 6 9 6 0 9 0 3 2 4 5
6 8 2 5 5 2 5 7 3 2 3 0 7 0 2
7 4 8 4 1 8 6 7 8 9 3 9 7 5 8
4 6 4 7 4 4 8 0 0 4 7 3 0 2 8
9 6 4 0 2 1 2 8 2 8 1 4 6 7 1
4 5 2 8 9 7 4 8 7 8 4 6 2 8 1
8 4 3 6 5 8 5 5 1 9 4 4 1 6 7
9 4 1 2 2 6 6 9 8 0 8 7 2 9 1
```

5446
81528
310163
3778375
80047302
282814671
8551944167
76956155343
748418678939
9008889921745
5320
98822
358500
4047207
89748784

NUMBER PUZZLE #201

5907
73043
370177
4470011
87032118
226671287
8070941328
69324038765
672186026917
8218278567435
971532988
6785367334
81576095991
846260017110
1327341213461

```
1 4 3 5 2 2 6 6 7 1 2 8 7 5 2
3 8 9 9 4 5 6 9 5 3 3 2 4 4 6
2 0 2 7 8 1 7 3 8 4 0 1 7 6 7
7 8 8 1 5 2 1 2 4 9 3 4 7 9 2
3 1 4 5 8 5 3 4 3 7 0 8 3 5 1
4 5 6 3 0 2 9 0 5 7 5 9 4 5 8
1 7 2 2 2 7 7 3 4 3 0 2 1 0 6
2 6 6 9 3 8 1 8 6 1 4 1 7 4 0
1 0 0 8 8 3 0 7 5 2 5 0 7 8 2
3 9 0 8 4 7 3 6 4 6 9 2 7 7 6
4 5 1 3 7 3 3 5 4 4 7 0 5 2 9
6 9 7 4 4 7 0 0 1 1 7 4 0 4 1
1 9 1 8 2 8 1 3 1 7 7 8 3 0 7
6 1 1 0 4 2 2 9 7 4 5 6 7 5 9
7 0 0 0 6 8 7 0 3 2 1 1 8 6 7
```

NUMBER PUZZLE #202

```
9 3 8 5 9 5 9 5 3 3 7 4 8 9 5     6368
3 8 9 4 9 8 1 2 7 9 9 1 8 3 7     64558
3 5 9 0 9 2 6 0 7 6 2 5 2 4 5     430191
9 1 9 7 8 1 6 3 5 3 8 1 2 6 8     5161647
1 7 1 3 5 4 0 1 7 6 2 7 1 4 9     94016934
8 0 8 7 8 4 6 4 4 8 6 6 4 3 9     170527903
0 5 3 0 2 1 3 7 4 6 9 3 9 6 3     7589938489
2 2 8 5 6 9 9 1 7 1 0 8 7 4 8     61691922187
4 7 9 4 3 4 3 2 9 1 5 0 7 5 4     595953374895
2 9 7 7 2 2 1 2 9 4 6 4 0 5 8     7427667213125
4 0 1 3 0 3 2 1 8 8 6 7 6 8 9     899918389
3 3 2 1 1 1 0 0 3 3 8 8 4 9 9     6204340169
0 4 6 2 8 6 4 7 8 8 8 8 2 6 8     89498127991
6 6 5 7 8 9 4 0 1 6 9 3 4 6 1     918024243068
8 1 6 2 0 4 3 4 0 1 6 9 9 2 6     2111003388499
```

NUMBER PUZZLE #203

6829
56073
490205
5853283
88193895
114384519
7108935650
54059805609
519720722873
6637055858815
828303790
5623313004
97420159991
989788469026
2894665563537

```
9 1 6 6 3 7 0 5 5 8 5 8 8 1 5
3 7 5 5 5 4 0 5 9 8 0 5 6 0 9
2 7 4 6 6 7 5 3 3 3 7 5 9 6 8
2 8 6 2 2 2 4 0 9 1 6 9 5 8
7 6 9 1 0 8 3 5 0 9 8 8 1 3 1
0 1 9 4 0 1 8 3 7 3 9 5 7 8 9
2 3 0 4 6 5 5 2 1 7 4 1 1 2 3
6 0 6 8 3 6 0 9 8 3 1 7 9 8 8
3 6 7 2 9 7 5 8 9 4 0 1 1 3 9
6 8 8 4 2 3 4 5 3 9 3 0 8 0 5
6 3 7 2 3 6 5 8 6 5 1 0 4 3 5
9 6 8 6 9 6 4 6 9 3 2 7 4 7 3
4 7 0 0 0 5 8 1 5 3 5 4 2 9 9
3 6 2 7 1 4 9 0 2 0 5 3 1 0 5
5 6 3 9 0 6 8 2 9 8 9 5 7 7 8
```

NUMBER PUZZLE #204

```
5 6 4 4 6 6 2 7 9 3 2 8 1 1 4
8 8 7 6 6 4 3 7 8 4 5 9 4 8 8
4 2 9 4 4 7 5 8 8 5 5 4 7 9 2
6 3 7 2 0 2 7 8 0 9 3 5 0 7 1
4 7 7 7 4 3 7 2 2 4 6 0 1 8 6
4 0 3 5 2 8 1 6 8 3 8 3 3 5 4
4 8 8 5 6 9 2 8 8 7 7 9 6 6 5
5 5 7 3 1 6 0 1 7 9 1 7 5 9 3
0 6 7 4 3 7 8 6 4 8 0 4 2 0 2
4 1 9 3 0 5 6 9 5 3 4 3 7 9 4
5 0 4 8 8 1 1 9 1 9 5 8 1 3 0
0 0 5 3 9 2 9 4 1 9 0 3 4 7 1
5 1 5 4 4 2 8 9 1 0 1 9 8 8 6
3 6 7 8 3 2 7 7 3 8 5 7 5 9 7
2 1 6 5 0 4 2 2 8 5 8 3 9 6 5
```

7290
47588
550219
6544919
82370856
183918599
6627932811
46427689031
443488070851
5846444504505
756689191
5042285839
92482143538
890087766194
3678327738575

NUMBER PUZZLE #205

7751
39103
610233
7236555
76547817
253452679
6146929972
38795572453
367255418829
5055833150195
685074592
4461258674
87544127085
790387063362
4461989913613

```
2 4 9 7 6 5 4 7 8 1 7 0 0 6 2
8 8 7 5 4 4 1 2 7 0 8 5 0 7 3
2 6 1 4 6 9 2 9 9 7 2 9 4 9 5
3 7 5 2 4 8 6 7 5 0 6 4 3 0 2
3 6 6 6 7 6 2 5 6 4 6 4 5 3 5
8 8 7 7 2 3 1 8 9 1 6 5 7 8 3
7 9 5 2 6 2 1 2 9 1 8 7 8 7 4
9 1 6 5 5 8 7 8 5 3 6 4 5 0 5
5 1 5 1 1 5 9 7 3 8 2 9 9 6 2
5 5 1 7 0 9 4 1 3 5 6 4 9 3 6
7 2 5 3 1 2 5 1 6 9 2 7 8 3 7
2 4 0 3 8 0 3 3 8 0 1 4 4 6 9
4 3 6 8 1 1 0 3 9 8 1 0 5 2 1
5 1 4 9 0 5 8 8 0 6 2 1 3 7 8
3 0 5 7 6 8 5 0 7 4 5 9 2 8 0
```

NUMBER PUZZLE #206

```
7 3 3 8 8 3 8 8 0 2 3 1 5 0 9      8212
5 2 9 3 1 1 6 3 4 5 5 8 7 5 1      30618
4 2 6 5 2 2 1 7 9 5 8 8 5 9 8      670247
9 9 4 2 5 5 2 1 6 2 5 2 2 2 8      7928191
1 8 9 5 3 6 4 6 5 3 0 6 7 9 2      70724778
5 6 6 3 6 6 4 5 0 8 3 7 0 1 6      322986759
1 7 1 9 1 5 6 7 0 2 4 7 7 0 0      5665927133
8 5 3 4 7 9 2 8 1 9 1 7 2 2 6      31163455875
5 9 4 3 5 2 2 0 3 3 1 5 4 2 1      291022766807
3 6 5 8 1 7 1 6 8 4 6 4 7 7 1      4265221795885
5 0 9 1 9 1 3 9 8 8 3 8 7 6 0      613459993
9 2 9 7 2 3 0 3 2 2 6 4 8 6 6      3880231509
7 0 9 6 8 3 0 6 1 8 3 5 0 8 3      82606110632
8 3 3 9 2 4 2 5 2 6 6 3 1 0 2      690686360530
1 6 9 0 6 8 6 3 6 0 5 3 0 7 4      5245652088651
```

NUMBER PUZZLE #207

8673
22133
730261
8619827
64901739
392520839
5184924294
23531339297
214790114785
3474610441575
541845394
3299204344
77668094179
590985657698
6029314263689

```
7 6 4 9 0 1 7 3 9 9 3 8 3 6 5
5 9 3 9 2 5 2 0 8 3 9 4 2 0 2
0 9 1 7 0 1 9 8 5 7 7 4 1 2 3
7 5 0 7 3 8 5 6 5 4 0 2 4 9 5
9 7 7 9 6 0 8 3 6 9 5 0 7 3 3
8 5 6 2 8 4 2 1 6 3 4 8 9 1 1
4 6 1 6 4 5 0 6 7 3 1 6 0 4 3
7 4 7 8 8 4 6 9 1 9 8 1 1 2 3
9 9 4 3 4 0 1 5 3 5 4 9 1 6 9
0 5 0 1 4 9 9 2 7 3 5 8 4 3 2
6 1 5 2 1 9 2 4 8 6 3 2 7 6 9
2 7 4 8 3 1 3 4 1 6 9 7 8 8 7
5 1 4 5 3 7 5 7 2 7 4 8 5 9 4
9 4 0 3 1 0 4 0 5 9 9 0 7 2 0
5 3 2 9 9 2 0 4 3 4 4 0 0 6 2
```

NUMBER PUZZLE #208

```
5 2 7 0 4 4 5 9 0 7 8 7 0 0 4
2 4 1 2 8 1 7 5 0 0 4 5 6 9 2
2 6 9 5 7 7 3 2 5 7 4 8 5 2 5
4 2 7 7 4 3 8 9 0 8 1 1 4 8 2
7 0 6 0 9 2 0 2 3 2 4 3 1 9 7
0 5 7 5 8 0 3 0 9 1 9 9 9 0 1
3 4 5 9 8 0 2 7 7 1 1 1 8 1 8
9 9 1 1 7 5 6 7 6 7 3 4 7 5 1
2 1 2 9 2 4 8 1 5 4 7 7 6 0 7
1 9 5 1 3 0 2 5 5 1 7 2 9 3 7
4 2 6 8 3 9 9 9 0 8 7 2 6 5 1
5 4 7 1 5 8 9 9 2 2 2 7 1 9 7
5 2 9 6 1 3 6 4 8 3 5 1 2 1 9
7 9 4 9 1 2 8 4 9 5 4 8 6 6 0
0 1 3 8 5 5 7 4 6 2 7 6 3 1 1
```

9134
13648
790275
9311463
59078700
462054919
4703921455
15899222719
138557462763
2683999087265
470230795
2718177179
72730077726
491284954866
6812976438727

NUMBER PUZZLE #209

9595
19379
850289
8892015
53255661
531588999
4222918616
20838918749
199838741950
1893387732955
5735
99473
410872
3338326
95183009

```
4 2 2 2 9 1 8 6 1 6 3 0 3 5 3
2 0 8 3 8 9 1 8 7 4 9 0 2 3 5
2 7 1 0 6 4 8 8 9 2 0 1 5 1 5
1 1 8 9 3 3 8 7 7 3 2 9 5 5 7
5 3 4 5 9 8 9 9 4 7 3 2 6 3 7
5 0 1 6 5 8 0 3 9 1 0 2 9 3 4
3 9 2 8 3 6 3 5 8 7 0 7 8 3 8
1 7 8 9 2 3 5 8 5 5 0 8 1 8 8
5 0 6 6 5 6 0 7 7 1 0 0 7 3 6
8 4 3 7 5 0 3 0 1 4 9 2 7 2 3
8 0 7 3 6 5 6 4 7 4 1 3 8 6 3
9 3 8 7 6 0 3 4 3 7 9 9 7 9 5
9 4 8 2 1 8 9 8 4 1 7 5 5 9 1
9 5 9 6 4 4 9 5 5 7 8 0 9 0 6
7 3 9 5 1 8 3 0 0 9 1 2 9 5 6
```

NUMBER PUZZLE #210

```
8 2 1 9 2 3 2 6 8 8 9 9 5 3 7     9000
6 2 8 1 1 5 2 6 9 8 0 8 1 9 2     25110
7 6 4 6 5 0 7 1 6 1 0 3 0 1 8     910303
6 1 4 4 6 2 3 7 0 3 0 2 1 1 3     8472567
0 1 6 7 4 8 1 0 8 5 0 0 4 7 9     47432622
1 2 3 4 4 9 7 9 3 6 2 1 4 9 6     601123079
1 0 2 3 5 3 9 1 2 7 1 1 4 2 1     3741915777
2 0 4 2 3 5 3 0 7 6 9 4 2 4 5     25778614779
3 2 4 6 8 0 3 6 1 1 2 5 7 6 0     261120021137
0 1 8 2 4 4 3 3 5 8 1 9 4 7 6     1102776378645
7 1 5 2 0 7 7 7 8 1 3 0 4 5 9     6150
9 3 1 5 8 3 7 2 0 7 6 9 3 4 1     88135
6 7 8 6 7 7 7 8 5 3 5 5 5 9 5     463244
8 2 4 9 2 3 7 7 1 6 0 0 5 8 4     2629445
3 5 5 8 4 6 3 4 2 4 7 0 0 7 1     90183958
```

NUMBER PUZZLE #211

8405
30841
970317
8053119
41609583
670657159
3260912938
30718310809
322401300324
1057776650568
6565
80144
515616
1920564
85184907

```
8 8 3 9 8 3 6 5 3 4 6 6 0 8 1
3 4 0 3 0 8 4 1 2 7 0 1 5 4 9
7 2 5 5 2 7 6 2 2 2 0 0 1 5 3
5 2 6 0 3 3 7 3 4 1 6 5 9 3 7
1 1 3 0 5 1 8 2 0 5 1 7 2 6 8
1 3 0 0 9 4 1 9 1 3 2 7 0 7 5
6 5 7 8 0 1 8 9 3 6 9 7 5 0 8
3 1 1 5 7 7 2 3 0 7 6 6 6 6 5
8 6 8 4 4 5 6 9 0 1 5 6 4 5 1
1 1 3 4 4 1 3 3 3 8 6 5 7 7 8
8 0 1 4 4 0 1 2 2 8 5 0 4 1 4
2 0 0 7 8 7 1 1 4 2 9 5 8 5 9
8 3 8 8 7 4 5 1 5 6 1 6 3 9 0
5 3 0 2 8 2 4 0 8 6 7 8 7 3 7
8 5 9 6 4 1 6 0 9 5 8 3 0 9 4
```

NUMBER PUZZLE #212

```
1 1 1 9 0 5 7 9 2 9 7 5 5 8 7
3 1 7 7 0 5 9 2 0 4 7 3 2 2 0
9 8 8 6 3 9 2 1 9 7 8 0 1 3 7
1 1 5 5 0 4 5 4 0 3 5 5 8 4 0
0 6 2 0 5 8 5 3 6 6 3 0 0 1 6
4 7 3 3 5 4 1 8 1 0 5 1 1 3 3
2 1 3 1 6 2 2 2 7 8 9 1 8 5 1
5 1 0 9 1 5 1 2 3 1 4 0 5 3 7
6 3 8 1 7 7 7 5 2 6 7 9 8 2 5
0 0 6 9 0 9 1 3 5 7 8 6 5 4 4
8 8 5 2 6 7 9 8 3 1 7 8 6 5 0
3 1 3 0 2 7 7 9 9 1 0 0 9 9 6
1 3 5 6 5 8 0 0 6 8 3 9 3 7 4
3 5 6 7 9 8 8 5 3 6 5 7 2 2 1
3 7 6 3 3 6 7 1 4 8 8 5 9 9 2
```

7810
36572
900315
7633671
35786544
740191239
2779910099
35658006839
383682579511
1119057929755
6980
72153
567988
1211683
80185856

NUMBER PUZZLE #213

7215
42303
830313
7214223
29963505
809725319
2298907260
40597702869
444963858698
2340188417522
7395
64162
620360
1938948
75186805

```
4 0 4 7 5 1 5 8 8 2 6 5 6 2 6
0 8 1 4 1 9 3 8 9 4 8 8 5 2 3
5 0 8 2 4 2 6 2 0 3 6 0 3 5 3
9 9 3 8 4 9 9 2 5 7 7 4 9 2 8
7 7 7 3 2 2 6 9 0 3 0 5 5 5 3
7 2 5 4 2 0 3 3 6 1 4 4 1 3 8
0 5 5 1 9 4 3 0 8 3 8 1 9 3 7
2 3 6 8 8 8 2 8 3 5 5 5 8 8 2
8 1 7 5 9 6 4 1 3 0 8 0 8 6 1
6 9 2 0 0 1 8 4 7 2 3 6 5 8 4
9 4 1 6 7 1 7 0 6 3 3 1 9 2 2
8 1 5 5 2 9 0 4 5 1 9 0 9 8 2
5 0 2 9 6 1 1 4 4 3 3 5 5 8 3
2 2 9 9 0 6 3 5 6 5 4 4 3 9 0
0 0 8 7 2 0 8 3 0 3 1 3 1 3 5
```

NUMBER PUZZLE #214

```
6 7 0 4 4 1 9 4 4 6 6 8 5 1 7      6620
5 6 3 0 5 8 8 7 2 7 7 8 0 4 6      48034
7 0 5 4 0 5 6 1 9 5 1 2 7 5 8      760311
5 5 6 1 7 1 3 4 7 4 0 3 7 9 6      6794775
2 0 1 2 6 0 7 7 3 9 7 1 9 3 0      24140466
7 4 3 2 4 7 6 7 3 6 0 9 3 8 2      879259399
0 2 1 3 5 5 9 6 4 9 7 4 2 7 5      1817904421
1 8 8 4 7 3 1 0 4 9 8 3 4 9 6      45537398899
8 9 9 9 0 9 9 3 8 6 1 8 3 2 4      506245137885
7 1 0 4 5 4 8 1 7 1 9 2 9 5 1      3561318905289
7 0 5 6 3 9 6 1 0 8 5 8 3 9 6      7810
5 8 2 7 6 8 3 6 3 9 8 5 5 3 6      56171
4 9 8 2 2 5 9 3 5 0 9 5 1 9 2      672732
4 1 9 9 4 8 0 3 4 5 4 5 1 9 0      2666213
0 4 7 9 4 7 2 6 6 6 2 1 3 1 4      70187754
```

NUMBER PUZZLE #215

6025
53765
690309
6375327
18317427
948793479
1336901582
50477094929
567526417072
4782449393056
8225
48180
725104
3393478
65188703

```
2 2 0 9 6 3 2 6 3 3 9 3 4 7 8
9 6 4 4 1 8 2 7 0 7 8 7 4 6 0
0 3 0 7 2 1 2 4 6 2 2 4 1 5 8
1 1 9 9 8 3 4 5 8 5 5 9 1 6 6
3 4 1 1 2 2 1 1 1 1 5 7 8 9 7
3 8 4 5 0 8 4 0 4 0 8 3 3 6 4
6 6 6 1 8 0 4 4 4 6 8 0 1 9 9
9 4 8 7 9 3 4 7 9 2 3 8 7 0 2
0 1 0 4 2 4 7 9 3 3 2 4 4 3 7
1 3 7 0 4 0 2 4 7 2 9 5 2 0 8
5 4 2 8 9 4 2 8 5 0 3 3 7 9 3
8 5 5 4 6 3 7 5 3 2 7 7 0 1 0
2 9 9 7 7 5 8 1 6 5 3 7 6 5 8
9 2 8 2 8 3 4 7 2 7 6 2 8 4 6
9 3 5 6 7 5 2 6 4 1 7 0 7 2 0
```

NUMBER PUZZLE #216

```
8 3 8 1 3 9 6 8 5 1 2 8 5 8 5       5430
1 1 8 9 9 9 4 2 4 8 8 8 5 6 2       59496
3 9 6 6 0 1 8 9 6 5 2 9 4 7 5       620307
0 6 5 0 4 0 2 6 4 6 8 1 1 3 1       5955879
1 2 2 9 0 1 0 1 6 7 0 8 6 3 1       12494388
2 8 7 1 3 3 2 3 2 5 3 9 7 9 6       889189945
4 8 0 7 1 0 5 0 1 3 2 9 9 4 2       2000384759
9 0 0 5 7 5 5 7 5 4 7 4 0 0 0       55416790959
4 7 0 4 8 4 4 9 9 9 3 5 9 1 3       628807696259
3 6 3 8 3 8 7 3 4 8 5 5 5 8 0       6003579880823
8 9 2 6 0 6 5 6 0 9 8 5 9 9 7       8640
8 6 2 4 0 2 3 7 9 9 6 0 8 0 7       40189
4 2 3 0 6 6 1 9 7 4 8 0 8 7 6       777476
2 5 2 0 0 0 3 8 4 7 5 9 5 2 9       4120743
8 9 0 6 9 2 3 8 4 9 0 4 7 7 3       60189652
```

NUMBER PUZZLE #217

4835
65227
550305
5536431
18991859
829586411
2663867936
60356486989
690088975446
7224710368590
398616196
2137150014
67792061273
391584252034
7596638613765

```
7 3 9 8 6 1 6 1 9 6 0 1 3 3 4
6 7 7 9 2 0 6 1 2 7 3 6 9 7 2
7 6 0 9 6 9 0 5 7 1 9 9 1 5 1
2 2 1 9 4 3 0 5 5 0 4 0 5 9 3
6 9 2 1 7 3 1 0 4 9 6 0 8 6 7
0 5 6 4 0 6 9 3 1 3 2 8 4 6 1
3 3 3 2 7 8 3 0 0 6 8 8 2 3 5
5 0 0 4 0 1 2 5 6 6 6 9 5 8 0
6 6 5 2 2 7 0 3 1 6 0 7 2 6 0
4 8 6 6 3 8 3 4 8 3 5 0 1 1
8 1 3 3 5 6 2 9 6 3 9 4 3 3 4
6 7 1 6 7 3 9 3 9 8 7 4 4 7 8
9 8 2 9 5 8 6 4 1 1 5 6 4 6 3
8 8 3 3 1 8 9 9 1 8 5 9 2 5 2
9 6 7 5 5 3 6 4 3 1 2 9 0 4 4
```

NUMBER PUZZLE #218

```
9 8 1 5 5 6 1 2 2 8 4 9 8 5 4
1 3 2 6 8 5 1 1 6 9 8 3 5 7 4
2 8 3 3 2 7 0 0 1 5 9 7 6 8 6
9 0 0 6 7 7 5 3 4 5 8 0 4 8 5
7 3 2 0 2 7 0 9 5 8 7 4 4 7 2
6 0 2 5 4 8 0 3 0 3 5 2 5 2 9
9 0 4 1 4 9 5 4 1 8 4 6 1 4 6
9 7 3 3 5 8 1 4 4 0 5 5 2 2 1
8 8 9 2 9 0 9 0 0 3 7 4 1 3 8
2 8 2 9 1 8 8 3 5 4 9 2 0 2 3
8 8 4 0 9 5 3 6 3 3 4 0 8 7 0
7 0 3 6 6 2 2 2 7 0 5 8 9 8 1
7 3 1 3 1 1 8 2 0 0 6 9 2 6 9
5 7 5 1 3 7 0 2 5 4 6 3 3 0 7
0 7 5 3 8 3 3 3 2 7 3 5 1 1 1 3
```

4240
70958
480303
5116983
25489330
769982877
3327351113
65296183019
751370254633
8445840856357
327001597
1556122849
62854044820
291883549202
8380300788803

NUMBER PUZZLE #219

3645
76689
410301
4697535
31986801
710379343
3990834290
70235879049
812651533820
9666971344124
255386998
1923028494
57916028367
192182846370
9163962963841

```
5 7 9 1 6 0 2 8 3 6 7 2 8 0 2
1 6 8 1 2 6 5 1 5 3 3 8 2 0 0
4 9 4 6 9 7 5 3 5 7 4 1 9 7 3
5 1 2 8 4 9 5 9 5 1 2 6 7 0 9
9 9 0 1 9 5 1 0 3 1 6 9 1 7 9
8 2 0 3 8 8 9 0 7 6 7 5 0 0 0
5 3 7 6 0 2 1 7 9 2 1 5 3 2 8
8 0 4 7 7 1 8 7 2 7 5 3 7 3 3
1 2 6 8 9 6 1 4 8 4 2 8 9 5 4
9 8 4 4 2 3 6 4 6 8 4 3 3 8 2
3 4 7 2 4 0 0 8 9 3 1 5 4 7 9
6 9 4 4 2 1 6 9 9 2 7 7 3 9 0
4 4 1 3 1 9 8 6 8 0 1 0 7 0 3
5 2 9 1 6 3 9 6 2 9 6 3 8 4 1
4 2 5 5 3 8 6 9 9 8 6 5 4 9 1
```

NUMBER PUZZLE #220

```
1 6 3 2 7 1 0 8 8 3 0 0 0 1 8
8 8 5 1 3 4 0 2 9 9 5 8 4 5 0
3 8 0 0 7 8 5 9 3 2 7 6 9 2 3
7 0 9 2 7 6 7 8 0 3 1 9 5 6 4
7 9 5 2 7 7 4 3 9 8 4 6 5 7 6
2 6 6 0 0 8 5 3 9 7 4 2 5 5 5
3 4 4 7 4 2 2 8 6 8 9 3 7 1 4
9 6 2 2 2 8 8 2 0 7 2 7 7 7 3
9 1 7 7 1 1 5 7 8 9 5 1 8 5 1
0 2 7 3 8 1 2 0 1 4 3 2 1 5 7
7 1 0 1 3 0 1 3 1 4 4 1 6 7 4
8 0 0 8 4 1 8 0 4 2 5 9 7 5 6
7 2 8 8 9 3 0 7 0 3 2 5 2 0 7
2 7 3 1 8 6 1 9 1 4 1 8 6 7 6
9 0 4 1 2 2 8 9 9 3 4 1 3 9 3
```

3050
82420
340299
4278087
38484272
650775809
4654317467
75175575079
873932813007
8892028714556
183772399
2289934139
52978011914
271088300018
9947625138879

NUMBER PUZZLE #221

2455
88151
270297
3858639
44981743
591172275
5317800644
80115271109
935214092194
8117086084988
112157800
2656839784
48039995461
349993753666
1293810847991

```
1 3 1 8 6 0 1 2 7 3 5 9 0 3 9
2 2 7 8 2 1 9 6 7 8 3 5 4 5 9
6 2 9 2 7 0 2 9 7 5 6 9 3 5 8
5 1 5 3 2 5 8 4 2 1 9 5 3 8 1
6 0 1 0 8 9 9 1 0 9 1 1 8 9 1
8 6 2 2 8 1 4 1 3 3 7 0 0 9 7
3 6 8 8 1 0 0 7 1 8 1 3 1 2 0
9 2 4 8 9 5 5 8 0 7 3 8 1 2 8
7 5 4 2 1 3 7 0 4 9 2 6 5 1 6
8 9 1 5 6 5 6 8 3 7 4 2 2 2 0
4 9 6 6 5 4 1 8 0 8 9 1 7 9 8
4 0 6 2 4 5 4 6 7 0 7 9 1 5 4
9 4 8 0 3 9 9 9 5 4 6 1 1 6 9
6 4 4 9 8 1 7 4 3 4 0 0 0 2 8
3 6 0 3 8 5 8 6 3 9 8 1 9 6 8
```

NUMBER PUZZLE #222

```
3 9 9 8 6 9 8 3 6 0 6 3 7 1 3      1860
1 4 9 5 5 8 1 4 2 0 1 3 3 4 5      93882
9 8 6 6 3 0 1 6 4 4 4 4 3 7 4      200295
5 3 8 1 4 2 5 1 2 2 7 9 5 3 1      3439191
3 0 9 3 6 9 9 4 1 5 1 6 1 8 0      51479214
1 2 5 2 9 0 5 4 9 9 0 0 0 4 5      531568741
5 3 6 2 2 8 3 3 1 6 1 0 7 2 9      5981283821
6 7 9 7 0 4 5 3 7 9 7 8 7 8 8      85054967139
8 4 7 5 5 0 0 7 7 1 2 1 0 5 1      996495371381
7 5 0 5 6 9 2 9 9 7 3 0 3 1 2      7342143455420
4 4 4 1 3 5 0 9 4 3 4 8 8 9 8      188919389
1 2 1 8 6 0 0 3 5 3 9 1 1 6 3      3023745429
0 9 8 1 8 9 5 1 4 7 9 2 1 4 8      43101979008
2 2 1 8 8 9 1 9 3 8 9 8 3 7 2      428899207314
4 2 8 8 9 9 2 0 7 3 1 4 5 5 1      1883985793923
```

NUMBER PUZZLE #223

1265
99613
130293
3019743
57976685
471965207
6644766998
89994663169
801837495759
6567200825852
265680978
3390651074
38163962555
507804660962
2474160739855

```
8 0 1 8 3 7 4 9 5 7 5 9 6 2 0
3 2 2 6 5 6 8 0 9 7 8 6 6 6 3
8 8 4 5 8 3 6 7 2 2 4 8 5 0 8
1 3 9 7 7 4 4 9 3 4 7 6 1 8 4
6 3 3 9 4 9 4 7 7 0 7 8 8 6 7
3 9 9 5 9 1 7 6 1 2 1 3 7 9 7
9 0 9 3 9 4 6 6 0 9 1 9 1 1 9
6 6 8 0 7 9 6 0 6 6 3 7 5 1
2 5 5 0 9 1 8 6 7 8 1 5 0 4 3
5 1 3 8 1 2 2 6 3 3 5 7 2 1 3
5 0 5 0 5 4 1 6 7 1 9 8 7 0 3
5 7 0 8 7 5 5 0 5 3 6 8 3 1 7
1 4 5 9 9 6 1 3 4 7 2 9 5 6 8
4 2 1 3 0 2 9 3 4 8 4 5 3 5 2
5 2 6 5 0 7 8 0 4 6 6 0 9 6 2
```

NUMBER PUZZLE #224

```
0 2 6 1 7 3 0 8 2 5 0 1 7 5 7
3 0 6 4 3 3 5 6 8 5 7 8 7 5 4
9 4 9 3 4 3 5 9 1 9 9 2 5 8 5
7 4 4 1 0 0 0 3 8 1 0 7 6 6 2
8 1 2 5 8 5 2 3 6 4 9 2 4 7 6
3 2 3 3 7 3 1 2 1 2 5 0 4 1 0
4 3 0 4 8 1 7 2 2 8 8 1 7 0 0
2 6 1 0 2 0 8 5 0 9 6 1 4 1 2
4 1 0 0 0 8 8 9 7 3 8 3 1 1 9
4 6 5 4 0 1 8 4 4 5 1 9 5 4 5
2 7 9 7 9 4 1 6 2 3 5 9 6 6 0
5 3 8 6 8 2 2 1 4 6 4 6 0 1 0
6 5 2 3 0 4 5 0 7 1 9 7 7 0 7
7 8 0 0 5 6 9 2 5 1 6 6 8 1 1
4 4 6 0 7 1 7 9 6 2 0 1 3 7 9
```

2000
89353
201139
2600295
64474156
412361673
7308250175
94934359199
607179620137
5792258196284
342442567
3757556719
33225946102
586710114610
3064335685787

NUMBER PUZZLE #225

2735
79093
271985
2180847
70971627
352758139
7971733352
99874055229
412521744515
5017315566716
6410
62349
660069
9348735
29185981

```
3 4 6 6 0 0 6 9 6 1 3 9 7 5 5
5 0 1 4 1 9 2 9 1 8 5 9 8 1 0
2 5 6 2 0 5 7 6 6 9 9 7 0 7 1
7 8 2 1 5 4 9 3 0 4 4 6 5 0 7
5 0 2 0 3 2 7 6 2 2 7 1 9 6 3
8 4 7 0 2 7 1 3 2 9 9 9 1 4 1
1 7 1 1 1 5 7 7 0 3 8 9 9 4 5
3 4 9 7 8 0 3 9 4 7 4 3 5 7 5
9 3 8 0 0 1 3 3 4 4 4 9 0 5 6
2 7 5 4 8 2 3 0 5 8 5 9 0 1 6
5 7 3 6 4 5 5 8 7 2 7 1 8 9 7
9 7 4 7 7 5 2 3 7 1 2 1 5 6 1
2 1 5 5 2 6 5 3 6 4 4 6 6 7 6
0 0 3 2 2 0 5 2 6 5 5 4 7 9 8
3 9 9 8 5 4 7 9 4 7 6 5 6 4 2
```

NUMBER PUZZLE #226

```
3 0 5 7 9 9 7 5 4 4 7 6 7 8 2     3470
6 7 9 5 1 5 3 9 2 7 9 2 5 2 2     68833
2 4 6 8 8 3 3 4 4 0 2 8 7 9 4     342831
3 5 2 2 8 6 2 6 1 3 4 6 3 1 0     1761399
0 0 2 4 5 6 9 4 2 7 8 0 7 3 8     77469098
9 3 2 2 2 0 3 8 8 5 9 1 6 9 4     293154605
7 5 0 9 9 3 3 5 8 9 3 4 8 4 2     8635216529
6 7 2 8 3 6 7 3 2 6 1 3 0 5 8     93222038859
9 9 2 3 4 1 9 2 4 1 5 4 5 4 3     217863868893
1 4 8 7 5 9 5 9 9 7 6 8 1 4 4     4242372937148
0 1 6 2 1 8 9 4 1 3 0 5 8 9 2     5822
1 7 6 1 3 9 9 5 6 7 7 9 2 6 8     67951
2 0 1 4 5 9 1 6 0 0 6 1 5 9 3     579975
0 0 7 2 4 6 2 0 9 3 5 7 4 6 1     8291394
1 2 1 7 8 6 3 8 6 8 8 9 3 8 7     22408428
```

NUMBER PUZZLE #227

4205
58573
413677
1341951
83966569
233551071
9298699706
86570022489
328380174975
3467430307580
5234
73553
499881
7234053
15630875

```
8 3 5 6 5 0 9 4 9 9 8 8 1 3 8
8 6 5 7 0 0 2 2 4 8 9 5 2 1 0
0 3 8 4 2 4 9 3 8 7 2 7 5 3 3
5 2 8 1 9 6 8 8 3 3 4 8 7 4 9
4 8 5 7 3 6 6 8 4 5 5 2 6 1 2
5 3 8 3 5 6 9 3 1 7 5 7 0 9 3
4 8 3 5 6 2 9 7 3 0 4 1 4 5 3
1 0 7 5 4 9 7 2 2 3 1 6 0 1 6
3 1 6 3 4 4 0 3 0 5 1 3 7 7 5
5 7 1 0 1 1 6 3 6 9 6 0 0 3 1
9 4 7 3 7 3 0 3 0 0 0 5 2 8 7
7 9 6 7 8 7 0 9 2 2 1 3 6 8 8
5 7 3 8 5 8 7 2 5 0 0 6 4 8 6
7 5 5 8 7 8 3 9 6 6 5 6 9 8 4
1 6 0 5 7 0 5 1 7 2 3 4 0 5 3
```

NUMBER PUZZLE #228

```
6 1 7 6 7 1 2 6 9 7 1 4 3 5 7
2 5 7 9 9 1 8 0 0 6 1 1 9 4 7
5 9 9 9 6 2 1 8 2 8 8 3 3 8 9
3 0 2 6 9 2 4 8 7 6 7 8 0 1 2
5 1 1 3 0 4 9 1 5 8 8 3 7 4 3
7 2 7 4 1 9 7 8 7 9 9 9 6 1 8
6 4 3 4 5 9 4 0 6 3 1 4 7 1 4
6 8 9 0 9 7 7 4 2 5 6 9 2 0 8
5 0 4 9 2 4 8 8 5 0 8 3 3 4 4
9 0 7 0 7 1 0 2 0 0 9 1 8 3 5
2 4 5 5 0 5 2 2 9 7 6 3 0 5 2
0 7 3 5 7 4 6 8 8 6 1 5 8 7 3
9 3 7 9 3 3 9 3 0 3 1 8 1 3 4
1 6 8 4 9 0 4 6 4 0 4 0 7 7 2
7 2 1 2 0 0 1 8 3 9 5 4 2 1 6
```

4940
48313
484523
2009183
90464040
173947537
9962182883
79918006119
438896481057
2692487678012
4646
79155
419787
6176712
20018395

NUMBER PUZZLE #229

5675
38053
555369
2676415
96961511
114344003
9011394001
73265989749
549412787139
1917545048444
4058
84757
339693
5119371
24405915

```
9 3 5 5 9 6 9 6 1 5 1 1 3 4 1
1 7 7 3 2 4 4 0 5 9 1 5 3 2 3
6 9 7 3 2 6 5 9 8 9 7 4 9 9 9
5 5 1 6 5 2 4 0 6 8 8 0 6 6 9
1 5 3 7 1 3 7 6 1 9 4 2 9 3 2
1 5 2 4 5 5 4 0 5 8 1 2 3 4 9
9 3 5 4 9 4 1 2 7 8 7 1 3 9 0
3 6 7 2 4 5 5 6 3 3 8 0 5 3 1
7 9 3 1 6 0 1 0 3 4 6 9 0 0 1
1 3 1 1 6 4 4 6 4 4 6 6 7 9 3
0 0 9 6 2 7 8 5 0 8 6 8 9 6 9
1 1 4 3 4 4 0 0 3 9 4 1 8 4 4
4 0 1 5 0 7 7 1 6 0 7 4 6 0 0
5 6 7 5 2 4 5 8 4 7 5 7 4 8 0
7 2 6 7 6 4 1 5 5 2 9 0 6 9 1
```

NUMBER PUZZLE #230

```
9 2 6 5 9 9 2 9 0 9 3 2 2 1 8
3 6 6 6 1 3 9 7 3 3 7 9 2 8 1
2 8 0 1 7 5 2 5 3 9 1 8 9 1 8
8 7 2 7 2 9 4 3 0 8 7 3 1 3 4
8 4 1 2 2 3 6 1 6 9 7 4 6 2 0
4 0 9 8 5 6 8 3 3 2 2 8 8 9 3
7 6 2 6 9 3 6 4 4 6 6 2 7 3 1
1 2 3 5 9 3 3 6 0 6 2 2 4 6 9
6 0 7 5 9 5 8 2 2 9 4 3 1 5 2
3 3 8 7 6 5 4 9 0 5 6 1 6 5 0
0 0 3 6 9 1 9 3 5 4 3 8 0 6 3
4 3 6 4 8 3 5 9 7 8 5 6 7 8 8
2 7 0 8 7 9 2 9 4 4 9 9 6 1 7
6 4 7 1 8 0 2 2 7 8 9 5 9 1 8
0 6 5 8 0 6 0 6 0 5 1 1 9 6 8
```

6410
27793
626215
3343647
90183958
189389589
8060605119
66613973379
659929093221
1142602418876
3470
90359
259599
4062030
28793435

NUMBER PUZZLE #231

7145
17533
697061
4010879
83406405
264435175
7109816237
59961957009
770445399303
1820002757495
2882
95961
179505
3004689
33180955

```
4 2 6 4 4 3 5 1 7 5 5 7 9 7 3
4 1 7 9 5 0 5 3 1 9 9 7 5 8 5
2 1 4 0 1 0 8 7 9 8 5 0 7 4 0
7 8 8 3 5 4 6 6 7 3 9 4 9 8 3
1 3 8 7 8 8 1 1 0 4 6 4 6 8 7
4 9 0 2 5 9 7 4 4 0 8 5 8 4 6
5 3 5 0 5 1 1 9 4 6 7 3 9 8 1
0 3 7 7 4 7 0 0 3 4 0 9 4 7 7
2 1 0 4 7 6 9 6 3 0 3 9 0 5 5
6 0 2 3 3 1 8 0 9 5 5 3 9 6 3
9 9 4 8 2 5 1 9 4 8 5 0 0 1 3
7 7 7 1 9 4 6 9 4 4 9 3 1 7 5
1 8 2 0 0 0 2 7 5 7 4 9 5 0 0
1 0 0 9 6 8 3 2 1 6 4 5 2 0 1
1 9 5 9 6 1 7 8 7 3 6 3 0 6 1
```

NUMBER PUZZLE #232

```
0 9 4 7 8 5 0 8 6 8 8 3 7 0 3     7880
3 8 2 6 8 4 2 9 5 2 0 3 9 9 7     23135
9 5 9 4 0 2 0 3 2 5 3 9 3 6 5     767907
1 3 0 1 9 2 3 2 3 1 0 4 3 4 4     4678111
0 3 0 9 6 7 8 5 1 6 6 8 6 5 6     76628852
8 0 3 4 1 6 4 4 3 3 6 0 5 1 7     339480761
7 9 5 7 7 0 1 0 5 2 2 7 1 6 8     6159027355
3 9 1 3 0 5 0 5 3 2 6 6 5 0 1     53309940639
7 4 3 4 5 7 6 3 9 0 7 1 2 1 1     880961705385
5 0 6 8 3 0 4 4 7 0 9 7 4 6 1     2497403096114
6 6 3 0 8 1 2 8 1 0 2 6 8 5 0     2294
8 3 4 4 5 3 9 1 1 4 7 7 1 8 8     90035
4 9 3 6 6 5 8 0 9 9 7 9 3 1 0     203253
7 4 2 7 6 6 2 8 8 5 2 0 5 5 4     1947348
5 5 1 1 8 3 9 0 0 5 1 7 1 8 5     37568475
```

NUMBER PUZZLE #233

8615
28737
838753
5345343
69851299
414526347
5208238473
46657924269
991478011467
3174803434733
864799863
2656995855
23205993271
694252678447
7239205466447

```
0 2 3 2 0 5 9 9 3 2 7 1 2 5 8
8 7 2 3 9 2 0 5 4 6 6 4 4 7 9
0 2 6 5 6 9 9 5 8 5 5 0 5 9 0
5 9 4 9 9 0 8 5 0 0 2 1 1 5 6
9 6 9 8 5 1 2 9 9 8 7 4 7 5 9
3 1 7 4 8 0 3 4 3 4 7 3 3 1 4
8 9 4 2 8 7 3 7 8 8 8 9 5 4 2
6 1 5 3 6 7 3 1 0 3 1 6 3 4 5
4 2 4 8 2 1 5 1 8 8 9 2 4 9 2
7 0 1 3 2 6 1 7 1 8 5 7 5 2 6
9 2 2 4 1 4 5 2 6 3 4 7 3 9 7
9 9 5 5 6 3 6 1 1 4 4 5 4 4 8
8 3 8 7 6 9 5 5 5 8 3 8 3 4 4
6 4 6 6 5 7 9 2 4 2 6 9 1 6 4
3 9 3 5 5 2 0 8 2 3 8 4 7 3 7
```

NUMBER PUZZLE #234

```
6 0 1 2 5 7 5 9 6 0 4 0 4 3 2
8 1 7 9 0 9 5 9 9 0 4 1 2 8 8
9 1 2 2 6 7 3 7 0 3 7 6 5 5 3
2 6 2 4 0 6 7 0 6 2 0 4 7 2 3
3 3 5 7 7 1 5 3 9 8 0 8 4 2 0
3 7 8 5 6 9 3 3 4 2 8 9 4 0 1
2 4 2 8 0 8 5 2 6 9 2 5 9 3 4
8 8 3 7 8 0 9 9 1 5 0 7 5 7 1
9 8 8 3 5 2 1 7 8 2 8 1 9 7 4
5 9 4 4 9 9 0 2 4 3 0 9 1 3 4
9 3 9 8 4 5 4 4 9 1 0 3 4 3 1
2 5 5 0 0 8 8 6 8 0 1 3 0 5 2
9 0 6 3 0 7 3 7 4 6 8 9 8 2 3
7 9 1 6 6 0 5 8 0 5 0 6 6 1 9
8 3 1 0 1 6 7 1 2 0 0 0 8 7 0
```

9350
34339
909599
6012575
63073746
489571933
4257449591
40005907899
101671200087
3852203773352
939845449
3282952310
33014144123
812768974119
7916605805066

NUMBER PUZZLE #235

8114
45783
915693
5300813
45037755
544219813
5743209130
26256276295
596899012099
8669876558919
6016
77862
140505
8569733
22057780

```
5 8 4 1 4 5 7 4 3 2 0 9 1 3 0
4 5 9 5 9 6 8 9 9 0 1 2 0 9 9
0 6 8 6 8 0 7 7 8 6 2 6 5 2 9
9 9 6 4 8 2 5 4 5 2 5 4 3 4 2
2 7 6 8 1 8 5 9 8 6 4 4 0 9 5
2 3 9 4 1 7 0 9 0 2 0 2 3 1 7
2 3 8 7 8 1 9 2 1 5 5 4 7 5 8
0 1 7 3 7 8 4 9 8 6 3 4 8 6 1
5 0 6 4 5 6 8 8 2 2 4 5 7 9 5
7 7 5 2 4 1 0 9 6 7 8 0 1 3 9
7 9 5 5 3 2 5 1 6 6 8 3 4 5 8
8 1 8 2 4 6 5 9 6 2 2 7 0 2 1
0 6 9 2 0 8 6 7 8 9 2 7 5 0 6
7 5 1 6 5 3 8 7 5 5 7 5 0 3 9
3 3 9 5 3 0 0 8 1 3 5 5 5 3 4
```

NUMBER PUZZLE #236

```
1 3 1 0 5 1 0 0 5 5 0 8 0 1 9      7242
1 3 6 6 5 2 3 8 8 0 2 8 2 7 9      53045
6 4 9 9 5 7 3 5 0 9 2 2 6 8 3      891945
0 7 2 5 5 2 9 4 7 9 6 8 7 6 5      5028403
9 9 0 5 3 8 8 3 5 1 7 6 4 7 4      34428830
7 0 0 3 5 7 2 7 1 5 3 4 5 0 6      611755667
8 6 6 0 9 3 8 9 2 2 3 0 5 1 3      5287279231
3 6 1 4 8 3 1 9 0 7 6 8 1 9 5      12261191270
8 8 3 5 3 2 4 5 1 1 9 7 8 2 1      692006134733
7 9 4 0 7 7 8 7 6 9 5 2 5 8 5      9876320580475
9 0 7 0 5 0 3 2 7 5 4 3 3 8 6      5279
9 3 3 0 4 9 8 5 6 9 5 5 5 1 1      71877
0 3 3 7 8 6 5 6 9 6 2 5 2 7 9      234553
3 1 5 5 7 1 7 3 4 4 2 8 8 3 0      8297323
6 1 6 7 1 8 7 7 3 7 2 7 2 4 2      13105100
```

NUMBER PUZZLE #237

6370
60307
868197
4755993
23819905
679291521
4831349332
21942192368
787113257367
9177017342149
4542
65892
328601
8024913
27267980

```
8 5 0 2 4 7 5 5 9 9 3 3 6 2 4
2 9 4 2 9 8 5 1 4 0 8 9 7 9 8
1 5 1 5 1 5 0 3 8 8 5 2 9 7 0
4 6 5 7 4 9 0 5 9 1 6 7 2 2 2
2 4 3 7 7 2 4 9 4 7 5 2 9 3 4
0 3 2 1 9 0 2 2 9 1 8 8 1 8 9
6 4 8 7 1 9 1 8 1 1 9 4 5 1 1
5 8 6 0 3 4 0 7 8 9 2 0 2 9 3
9 0 0 0 4 3 0 3 6 2 4 1 9 1
5 1 1 0 6 6 5 9 6 4 8 3 9 0 6
1 0 4 1 8 1 8 0 7 7 2 1 6 5 0
4 8 3 1 3 4 9 3 3 2 5 1 9 8 3
7 8 7 1 1 3 2 5 7 3 6 7 4 7 0
8 1 8 7 3 2 3 0 6 3 7 0 0 9 7
1 5 5 4 8 9 7 7 5 8 0 4 4 6 8
```

NUMBER PUZZLE #238

```
9 7 9 4 8 2 8 7 4 9 0 5 5 9 2      5498
1 3 2 1 0 9 8 0 6 2 4 0 4 1 5      67569
7 5 3 8 6 0 2 9 9 7 3 1 9 9 8      844449
4 1 8 7 4 6 2 4 0 1 5 3 8 4 4      4483583
6 7 0 7 4 0 2 5 6 9 5 6 7 4 3      13210980
8 2 5 5 8 3 0 2 8 1 8 7 9 4 7      746827375
2 4 2 2 6 4 3 3 8 1 7 5 1 2 5      4375419433
7 2 1 5 2 1 8 3 4 1 4 9 0 2 4      31623193466
3 5 6 0 9 0 0 2 4 8 1 9 9 6 1      882220380001
7 8 3 3 1 6 0 1 4 7 4 0 0 4 9      8477714103823
5 5 4 7 2 5 0 9 4 7 3 7 5 9 4      3805
1 6 5 0 2 3 1 8 9 7 0 3 6 5 3      59907
6 9 5 3 8 1 2 1 8 6 8 2 3 4 3      422649
8 0 5 2 2 2 1 1 7 7 6 7 6 9 0      7752503
5 4 3 4 4 8 3 5 8 3 0 8 9 5 5      41430860
```

NUMBER PUZZLE #239

4626
74831
820701
4211173
19809655
814363229
3919489534
41304194564
977327502635
7778410865497
297755665
7452865180
39621678513
521585161664
8510810813839

```
7 8 5 1 0 8 1 0 8 1 3 8 3 9 8
6 2 7 5 0 5 1 3 8 2 1 9 9 4 7
3 8 9 3 2 1 1 1 7 9 1 7 8 7 7
1 4 7 7 2 5 4 3 8 4 7 1 7 5 4
3 4 1 0 7 3 5 0 8 3 8 8 7 2 5
5 9 7 3 6 5 9 8 2 9 4 3 2 1 2
9 4 6 3 0 6 5 7 4 1 1 1 1 5 8
2 4 2 2 5 4 5 6 0 5 8 7 6 8 6
1 2 2 5 1 0 1 8 6 8 2 4 4 5 5
9 2 2 1 2 6 6 9 2 5 2 1 6 1 1
9 8 6 6 1 5 7 0 4 5 7 7 2 6 8
9 5 3 6 4 1 7 8 4 5 2 9 6 1 0
1 5 8 9 3 0 7 7 5 0 6 6 9 6 0
4 9 7 7 1 9 2 3 9 1 6 4 4 6 5
1 7 3 9 1 9 4 8 9 5 3 4 3 4 8
```

NUMBER PUZZLE #240

```
3 6 5 2 9 9 3 8 1 3 0 8 4 5 2
1 4 2 0 6 8 8 4 2 0 6 7 5 8 9
7 5 1 7 9 1 3 6 5 4 3 3 4 0 2
0 8 3 9 6 8 4 9 1 8 4 7 7 8 9
7 7 8 8 0 0 5 0 3 3 2 8 5 8 1
9 7 4 9 8 3 4 1 6 8 3 0 7 4 4
1 8 9 3 7 3 0 1 9 4 7 8 9 8 9
0 8 3 7 9 1 9 2 6 5 4 6 8 3 1
7 0 2 3 5 2 7 3 7 6 6 1 3 7 8
6 1 6 1 2 2 5 6 7 0 8 6 4 5 2
2 3 2 1 7 5 7 9 8 9 3 5 2 0 4
7 5 0 2 9 6 8 8 9 1 6 0 5 1 2
1 7 7 6 9 7 6 0 1 7 3 9 6 9 0
7 1 3 7 8 2 8 7 7 0 5 8 5 0 3
1 5 0 0 6 3 4 5 6 0 0 5 6 3 0
```

3754
82093
796953
3938763
26408330
881899083
3463559635
50985195662
889717681386
7079107627171
343619221
7975278100
29938130845
419030270306
9291491824203

NUMBER PUZZLE #241

2882
89355
773205
3666353
33007005
949434937
3007629736
60666196760
802107860137
6379804388845
389482777
8497691020
20254583177
316475378948
8381547656797

```
2 8 8 4 9 7 6 9 1 0 2 0 7 7 0
0 2 3 3 1 6 4 7 5 3 7 8 9 4 8
1 0 3 7 5 1 5 8 7 2 3 2 4 2 9
9 2 0 8 1 3 6 0 9 3 6 3 5 3 7
3 5 0 1 6 9 3 2 4 8 2 2 6 6 0
0 4 7 3 9 4 2 1 2 7 9 0 3 6 9
0 5 0 2 9 9 0 0 6 9 5 3 5 6 5
7 8 0 3 6 4 4 7 4 0 9 8 5 3 6
6 3 5 3 6 3 2 8 6 3 7 9 5 5 4
2 1 0 7 2 4 8 6 2 1 4 4 8 3 9
9 7 6 3 7 9 8 0 4 3 8 8 8 4 5
7 7 2 8 8 3 2 1 7 4 8 2 2 6 2
3 0 1 9 9 7 2 3 0 7 9 7 7 3 7
6 8 3 8 1 5 4 7 6 5 6 7 9 7 5
3 6 6 6 0 6 6 6 1 9 6 7 6 0 1
```

NUMBER PUZZLE #242

```
5 3 5 3 9 6 0 5 6 8 0 7 9 9 4      2010
4 6 7 0 2 5 5 1 6 9 9 8 3 7 2      96617
3 7 8 3 3 6 9 6 6 1 7 0 0 7 1      749457
5 1 9 0 1 2 9 6 6 8 7 3 4 2 3      3393943
3 4 0 9 5 4 1 9 4 8 9 7 5 3 9      39605680
4 4 2 0 2 0 3 8 6 0 1 4 3 5 2      879840479
6 9 0 1 0 7 1 4 9 6 7 9 3 0 0      2551699837
3 8 1 0 1 5 8 1 0 3 3 8 9 0 4      70347197858
3 0 0 7 0 2 6 3 5 9 2 6 8 2 8      714498038888
3 3 3 9 4 6 4 8 4 0 7 7 7 5 7      5680501150519
6 8 9 5 0 8 3 3 6 7 5 4 5 5 5      435346333
3 8 4 3 9 3 4 5 3 2 3 1 6 2 9      9020103940
5 8 0 3 5 0 7 4 9 4 5 7 9 2 0      32189327520
8 8 9 7 0 3 4 7 1 9 7 8 5 8 6      213920487590
4 1 8 7 9 8 4 0 4 7 9 7 2 3 7      7471603489391
```

NUMBER PUZZLE #243

1138
88255
725709
3121533
46204355
810246021
2095769938
80028198956
626888217639
4981197912193
481209889
9542516860
44124071863
111365596232
6561659321985

```
7 6 3 6 2 6 8 8 8 2 1 7 6 3 9
4 4 1 2 4 0 7 1 8 6 3 8 8 7 6
1 1 9 0 8 5 8 8 2 5 5 0 6 6 7
7 1 7 8 9 9 6 2 3 1 2 1 5 3 3
9 1 8 2 1 9 5 4 2 5 1 6 8 6 0
2 3 3 0 5 1 3 7 4 3 1 1 2 4 8
0 6 6 5 0 7 9 2 8 6 9 8 0 8 4
9 5 1 1 1 2 0 7 5 5 1 1 4 2 8
5 5 0 0 8 5 8 9 9 0 0 6 8 2 1
7 9 4 7 8 7 3 1 2 1 2 0 0 8 2
6 6 0 8 1 2 9 4 9 0 2 5 8 1 0
9 2 3 4 1 3 6 4 4 8 6 1 9 6 9
9 3 5 9 5 0 1 3 9 8 9 3 9 7 8
3 2 8 4 2 6 5 4 5 3 4 5 6 3 8
8 5 6 1 3 5 7 2 1 5 4 5 6 5 9
```

NUMBER PUZZLE #244

```
1 5 6 5 1 7 1 5 1 5 4 5 7 9 4
8 8 3 8 9 7 0 9 2 0 0 0 5 4 6
9 7 0 1 9 6 1 7 5 5 7 5 7 4 9
1 4 1 1 1 8 6 2 9 4 3 3 2 2 6
6 8 6 6 2 3 7 9 0 9 1 0 0 8 8
5 1 3 1 3 0 5 6 2 3 8 8 2 1 7
6 7 2 1 7 9 5 7 9 2 0 2 4 8 9
0 3 8 3 7 1 8 8 9 8 5 4 6 9 8
4 9 4 8 5 3 2 4 0 1 8 2 7 4 9
0 4 6 6 9 8 6 6 0 5 7 7 7 6 3
5 1 3 6 4 7 1 3 5 0 7 6 8 7 8
8 5 3 9 8 0 6 0 2 8 3 4 2 3 2
3 9 1 9 1 7 8 2 8 1 7 9 1 8 2
0 2 2 5 2 8 0 3 0 3 0 4 8 6 5
3 5 6 0 5 8 8 1 6 2 0 6 3 7 0
```

1801
79893
701961
2849123
52803030
740651563
1639840039
89709200054
539278396390
4281894673867
527073445
8916560405
56058816206
202467782183
5651715154579

NUMBER PUZZLE #245

2464
71531
678213
2576713
59401705
671057105
1183910140
78189109963
451668575141
3582591435541
572937001
8290603950
67993560549
293569968134
4741770987173

```
7 4 7 4 1 7 7 0 9 8 7 1 7 3 9
3 8 5 7 3 3 9 6 5 1 5 4 3 2 8
6 7 1 0 5 7 1 0 5 9 2 5 9 8 0
8 2 4 8 8 7 1 5 3 1 8 3 6 2 4
6 5 4 1 9 5 0 3 6 2 5 6 9 9 5
7 7 0 4 0 1 2 5 5 6 6 7 4 0 1
8 6 4 9 8 4 0 9 9 2 2 9 5 6 6
2 7 8 8 6 7 1 9 9 4 4 9 3 0 6
1 1 7 4 9 4 6 1 9 7 1 3 5 3 8
3 3 3 7 3 8 2 1 3 6 0 5 0 9 5
9 0 2 5 1 2 2 3 4 5 3 6 6 5 7
8 9 5 3 5 7 2 9 3 7 0 0 1 0 5
8 4 4 9 4 0 0 1 1 2 3 5 2 8 1
1 5 9 4 0 1 7 0 5 2 6 4 5 8 4
1 1 8 3 9 1 0 1 4 0 1 9 0 4 1
```

NUMBER PUZZLE #246

```
7 0 6 7 9 9 2 8 3 0 4 8 9 2 2
9 5 0 5 9 3 8 6 3 3 9 9 7 4 7
9 6 2 9 4 8 9 3 6 4 2 7 1 2 4
3 9 3 5 1 3 0 1 0 2 7 6 7 8 7
8 6 0 2 5 1 2 6 1 9 6 6 0 8 6
4 6 4 8 9 8 1 9 4 6 4 5 6 3 6
6 6 3 0 1 2 5 5 6 4 0 4 3 2 4
7 0 0 3 5 6 5 9 2 3 5 4 2 8 6
2 0 3 5 0 8 0 0 6 9 3 6 3 8 4
1 0 1 0 7 1 7 3 4 0 2 5 0 1 7
5 3 9 8 9 9 4 5 7 3 6 8 6 9 4
4 8 6 8 2 7 9 5 3 3 0 2 0 7 9
0 0 7 1 0 6 4 7 7 8 1 1 6 2 5
8 2 7 8 2 7 4 9 0 5 9 2 1 1 0
5 6 6 1 8 8 0 0 5 5 7 2 7 5 2
```

3127
63169
654465
2304303
66000380
601462647
1706323060
66669019872
364058753892
2883288197215
618800557
7664647495
79928304892
384672154085
3831826819767

NUMBER PUZZLE #247

3790
54807
630717
2031893
72599055
531868189
2228735980
55148929781
276448932643
2183984958889
7100
42627
393237
7024068
72668635

```
7 6 9 0 4 7 2 6 6 8 6 3 5 4 7
1 0 2 8 3 4 6 8 9 4 7 5 5 7 0
2 8 3 1 8 8 2 3 6 1 1 9 5 8 2
5 4 7 9 8 7 8 7 9 4 2 2 9 7 4
4 2 1 2 6 3 2 7 8 3 2 4 6 3 0
8 6 0 8 8 0 9 9 2 2 2 4 4 5 6
0 2 0 3 9 4 2 8 8 5 4 3 6 1 8
7 7 3 2 1 9 6 7 4 8 9 3 7 9 1
2 9 2 0 7 8 3 4 9 9 8 9 4 6 2
0 1 3 8 6 5 9 3 8 6 5 0 0 1 0
0 2 1 3 9 6 2 3 2 7 8 8 1 5 8
1 5 5 8 5 6 6 3 0 7 1 7 8 2 5
1 3 0 0 4 4 3 3 7 9 0 8 8 8 4
9 9 7 3 2 1 4 7 8 2 7 5 2 5 9
2 4 7 5 5 3 1 8 6 8 1 8 9 7 5
```

NUMBER PUZZLE #248

```
9 9 2 7 5 1 1 4 8 9 0 0 3 4 1     4453
4 6 2 2 7 3 7 3 1 8 2 3 2 8 6     46445
8 7 9 1 9 7 7 3 0 4 6 5 8 8 1     606969
7 5 6 6 8 2 5 6 6 9 7 8 5 4 7     1759483
5 5 4 4 5 8 8 1 4 5 3 6 8 6 0     79197730
8 5 4 5 3 2 2 8 0 9 9 4 6 4 1     462273731
5 7 5 1 8 6 9 4 1 7 6 8 3 4 3     2751148900
9 8 3 1 7 1 2 1 5 8 0 9 8 5 9     43628839690
4 8 1 9 8 5 1 8 1 7 6 7 9 5 2     188839111394
8 1 6 2 7 3 9 7 8 6 9 3 4 0 4     1484681720563
5 8 4 1 9 7 2 4 4 3 6 1 7 9 8     6103
0 1 1 4 0 0 3 9 8 4 9 6 8 4 5     48553
7 6 0 5 5 3 4 5 1 3 4 6 9 5 5     369489
7 6 5 6 3 2 0 6 0 6 5 6 9 6 3     6389478
8 1 3 7 0 4 9 2 5 3 6 0 9 0 7     68281115
```

NUMBER PUZZLE #249

5116
38083
583221
3320072
85796405
392679273
3273561820
32108749599
101229290145
2265362730927
5106
54479
345741
5754888
63893595

```
8 1 1 0 2 6 6 3 8 9 3 5 9 5 3
1 0 1 2 2 9 2 9 0 1 4 5 4 8 7
4 4 5 4 4 7 9 9 4 7 4 8 0 2 3
5 3 3 3 6 5 3 4 3 2 5 8 2 6 3
3 1 4 0 2 9 7 2 0 7 3 6 3 5 2
9 3 5 5 0 7 0 5 9 1 5 4 1 3 1
2 3 7 0 8 1 3 6 4 3 9 1 8 7 0
6 2 4 3 0 3 4 5 6 8 6 5 3 5 8
7 0 1 5 4 0 2 2 6 5 8 6 5 7 7
9 0 9 2 5 5 7 2 1 1 9 8 5 7 4
2 7 1 2 3 3 9 0 1 7 8 9 1 2 9
7 2 2 7 0 6 6 0 0 4 2 2 3 8 5
3 0 7 9 3 2 8 6 4 3 5 0 0 5 9
3 2 2 4 5 9 0 2 4 0 4 4 3 4 9
1 7 7 1 4 4 7 9 5 8 6 3 9 3 4
```

NUMBER PUZZLE #250

```
3 7 9 5 9 7 4 7 4 0 9 3 6 3 5
0 8 1 7 8 2 4 4 8 8 0 6 6 1 3
6 1 8 8 4 0 4 0 5 5 2 4 5 3 7
7 9 8 1 1 5 2 1 1 7 0 4 1 0 9
7 5 1 2 4 8 3 9 2 6 7 6 4 0 5
5 3 3 1 9 8 0 6 0 5 1 1 7 4 5
5 6 3 0 4 6 0 4 3 7 4 1 2 9 1
9 2 7 5 9 5 0 6 0 7 5 1 5 3 1
4 9 4 7 0 9 9 4 0 8 2 1 1 7 3
7 7 6 7 9 5 6 7 4 4 5 4 2 7 6
3 2 5 9 5 0 6 1 7 2 0 4 0 4 7
1 1 9 5 4 8 0 4 4 7 3 5 2 6 0
6 6 5 9 8 6 9 1 8 3 2 1 9 9 3
0 5 6 8 5 2 3 2 3 0 8 4 8 1 5
4 7 8 8 9 2 3 9 5 0 8 0 2 7 6
```

5779
29721
559473
4880661
92395080
323084815
3795974740
20588659508
248392676405
3046043741291
4109
60405
321993
5120298
59506075

NUMBER PUZZLE #251

6442
21359
535725
6441250
98993755
253490357
4318387660
97722964521
476196693302
3826724751655
3112
66331
298245
4485708
55118555

```
3 4 7 4 6 9 4 6 6 7 9 3 5 9 3
6 3 5 4 7 5 8 8 0 8 3 4 7 8 9
5 2 5 8 2 5 4 5 9 0 0 7 2 6 6
5 8 0 5 0 3 6 9 5 9 2 6 4 3 3
1 3 1 7 6 5 3 0 9 2 7 4 2 5 6
1 9 3 0 4 7 6 2 9 2 1 3 5 9 6
8 9 1 8 5 2 1 6 4 2 6 1 3 4 6
5 6 1 5 4 5 4 7 5 9 0 8 4 0 3
5 4 2 5 3 5 5 0 1 2 6 3 9 7 3
5 4 5 0 2 1 3 9 6 9 7 8 0 5 1
2 2 3 1 6 1 9 6 0 8 6 7 3 5 5
6 8 6 5 5 2 3 4 9 2 2 6 5 0 9
9 4 5 9 3 4 2 9 2 4 3 6 7 1 2
0 3 6 1 4 3 1 5 1 5 7 0 3 6 2
4 4 7 6 1 9 6 6 9 3 3 0 2 4 9
```

NUMBER PUZZLE #252

```
4 5 3 6 8 8 0 3 9 4 1 6 8 5 3
8 2 4 9 5 8 4 9 0 7 6 7 7 8 7
4 5 7 6 8 4 0 9 5 2 0 1 2 3 9
0 3 9 3 0 8 1 0 1 7 3 3 7 5 7
8 9 4 5 0 7 8 8 1 2 0 6 4 1 3
0 2 6 1 1 7 4 0 8 8 9 4 4 1 6
0 7 0 4 6 4 5 0 1 8 3 9 9 6 7
5 4 6 1 8 3 8 9 5 8 9 9 7 4 5
8 6 2 7 0 4 0 0 0 7 1 0 1 9 9
0 0 3 6 7 1 3 1 0 7 6 0 2 0 1
6 1 5 2 3 8 5 1 1 1 8 2 2 8 7
3 3 2 1 4 7 6 5 0 7 3 1 0 3 5
4 5 7 2 5 1 4 6 9 1 8 3 4 1 2
7 6 2 0 5 6 6 8 8 6 2 1 1 5 9
8 8 3 5 1 1 9 7 7 2 6 4 6 3 1
```

7105
12997
511977
8001839
94606235
183895899
4840800580
88039416853
704000710199
4607405762019
2115
72257
274497
3851118
50731035

NUMBER PUZZLE #253

7768
18923
488229
9562428
90218715
114301441
5363213500
78355869185
931804727096
5388086772383
1118
78183
250749
3216528
46343515

```
4 7 1 4 4 1 9 0 2 1 8 7 1 5 7
0 2 9 3 1 8 0 4 7 2 7 0 9 6 8
6 2 5 7 8 1 8 3 6 7 5 3 4 0 7
5 9 3 0 4 0 1 0 0 6 3 2 4 9 8
1 0 3 8 7 8 5 3 5 7 8 1 4 1 3
7 0 5 2 9 4 7 2 8 5 8 6 7 5 5
4 6 1 2 0 1 9 7 2 6 0 5 1 3 5
8 1 3 2 9 7 6 1 6 7 8 2 1 6 8
8 1 1 8 9 1 3 6 9 8 6 8 4 3 6
2 1 0 7 7 8 0 5 6 7 7 5 3 2 9
2 8 5 7 0 8 6 5 0 1 7 5 0 1 1
9 4 5 2 6 2 8 9 8 1 2 7 1 3 8
9 4 6 3 4 3 5 1 5 4 3 1 4 5 5
5 8 7 2 5 7 8 3 8 1 8 0 4 0 5
3 3 8 8 0 6 4 5 7 2 3 0 1 0 4
```

NUMBER PUZZLE #254

```
5 4 7 4 7 4 4 9 7 7 2 4 8 4 9
6 8 6 7 2 3 2 1 5 1 7 5 2 8 9
4 2 8 4 6 8 5 8 3 1 1 9 5 6 9
1 5 8 2 4 3 8 0 9 4 3 2 1 1 2
4 1 8 9 9 8 4 1 6 5 9 6 7 2 0
1 9 5 8 4 2 1 1 1 7 8 9 3 6 1
1 5 2 1 5 9 4 6 9 7 1 7 6 9 8
1 8 6 7 2 6 0 9 6 5 9 4 9 7 4
9 8 2 0 1 1 2 7 8 2 5 7 6 8 1
6 4 7 6 6 6 7 6 5 3 2 9 0 0 0
0 2 8 4 5 8 7 4 4 9 5 7 9 5 9
3 2 9 6 2 9 9 6 0 2 7 7 0 5 0
0 9 7 7 7 5 0 4 6 6 0 7 3 0 3
7 2 4 8 4 3 1 2 5 8 1 9 3 8 1
2 7 3 9 6 4 8 9 2 7 8 3 8 6 7
```

8431
24849
464481
8927838
85831195
160164997
5885626420
68672321517
829249835738
6168767782747
1706
84109
227001
2581938
41955995

NUMBER PUZZLE #255

9094
30775
440733
8293248
81443675
206028553
6408039340
58988773849
726694944380
6949448793111
664664113
7038691040
91863049235
475774340036
2921882652361

```
6 7 1 9 7 8 0 1 9 2 9 3 6 9 4
8 9 2 3 0 0 1 4 6 4 9 0 4 6 7
1 1 6 6 1 2 3 4 4 4 8 5 9 6 5
6 8 4 7 6 7 0 0 4 6 0 4 9 5 7
6 6 0 3 9 9 7 6 9 3 9 7 8 6 7
4 3 8 2 8 3 4 8 0 4 6 9 0 1 4
6 0 0 3 3 2 7 9 4 2 8 7 6 0 3
6 4 3 0 6 4 9 8 4 8 8 2 5 8 4
4 9 9 7 1 6 7 3 7 4 4 5 3 5 0
1 2 3 7 8 9 5 7 2 3 3 9 5 1 0
1 3 4 5 3 3 3 9 8 4 1 8 7 3 3
3 5 0 1 4 8 8 9 7 0 8 6 0 7 6
8 9 1 9 4 5 6 9 9 0 9 4 1 8 2
8 1 1 9 7 0 3 8 6 9 1 0 4 0 0
3 2 9 2 1 8 8 2 6 5 2 3 6 1 1
```

NUMBER PUZZLE #256

```
1 5 0 8 5 2 5 1 8 9 2 1 0 9 6
2 0 1 1 9 3 8 4 8 4 9 5 5 1 0
5 7 6 4 1 2 7 3 4 5 8 5 1 6 8
6 8 7 1 0 5 2 7 6 6 9 7 8 2 0
6 4 3 3 7 6 3 8 3 7 9 5 0 4 8
8 5 9 2 0 2 2 6 0 4 0 5 2 1 6
7 7 9 3 6 1 7 3 1 9 4 9 5 4 9
6 0 7 2 0 0 2 6 6 8 7 3 5 0 3
5 6 0 7 1 5 9 9 9 2 7 1 2 0 0
2 6 1 6 0 8 2 8 8 6 9 8 7 5 4
5 7 2 3 5 5 3 2 5 0 9 9 4 3 5
9 1 0 3 6 8 6 8 6 3 3 4 8 0 2
8 1 4 3 3 6 6 1 0 1 7 4 8 2 2
7 7 7 7 0 5 6 3 5 8 8 6 7 2 6
3 0 6 0 8 3 6 4 6 5 0 1 7 5 0
```

8097
36701
416985
7658658
77056155
251892109
6930452260
49305226181
624140053022
7730129803475
710527669
6412734585
82054898383
566876525987
2011938484955

NUMBER PUZZLE #257

6998
56747
740163
8681503
35963534
789754277
2031039400
13397842419
575736382775
6561805127828
756391225
5786778130
72246747531
657978711938
1101994317549

```
1 3 9 6 5 7 9 7 8 7 1 1 9 3 8
5 1 6 3 8 3 5 9 6 3 5 3 4 4 2
5 6 0 6 7 5 5 5 6 7 4 7 9 5 0
7 5 3 1 1 2 7 8 9 7 5 4 2 7 7
5 6 5 0 9 3 2 0 8 6 9 9 8 1 2
7 1 6 7 9 9 3 4 3 6 8 6 5 5 6
3 8 9 7 8 3 4 9 6 5 8 0 4 7 1
6 0 4 7 8 6 1 3 7 7 0 1 7 0 1
3 5 6 4 8 2 7 9 1 8 4 3 5 1 3
8 1 7 4 2 9 2 7 4 7 4 7 0 0 3
2 2 9 5 2 6 7 0 8 1 5 2 5 3 3
7 7 1 5 8 6 1 8 0 1 8 4 4 3 2
7 8 9 1 6 7 8 9 6 7 3 8 9 1 1
5 2 4 2 0 3 1 0 3 9 4 0 0 4 9
0 8 7 3 6 0 9 5 8 7 4 0 1 6 3
```

NUMBER PUZZLE #258

```
5 3 2 0 3 7 8 3 1 8 8 8 7 9 7
8 8 3 5 3 7 1 2 7 2 2 8 9 7 4
0 9 8 6 1 7 5 2 0 1 5 4 4 6 9
1 6 7 4 7 6 7 8 4 2 8 9 2 1 0
4 6 2 1 4 4 0 0 6 8 5 7 7 7 8
2 8 3 4 5 0 5 8 0 0 0 7 4 1 0
7 7 7 1 3 0 4 6 2 8 8 1 1 4 8
1 7 1 2 8 8 8 7 1 1 7 8 0 7 9
3 4 2 2 6 2 5 3 8 9 6 3 8 0 7
5 4 9 5 0 4 7 9 7 9 9 7 7 8 8
0 4 5 9 8 0 8 0 6 7 2 0 5 6 8
5 9 2 8 6 4 4 7 0 6 0 0 2 9 9
6 3 2 0 0 4 9 8 5 8 7 8 9 1 6
5 8 0 2 2 5 4 7 8 1 2 9 9 6 6
8 9 4 5 7 2 2 0 0 8 7 1 0 3 7
```

7586
51145
820257
8014271
42741087
714708691
1405082945
20049858789
457220087103
5884404789209
802254781
5160821675
62438596679
749080897889
9948806820923

NUMBER PUZZLE #259

8174
45543
900351
7347039
49518640
639663105
2355871827
26701875159
338703791431
5207004450590
848118337
4534865220
52630445827
840183083840
9271406482304

```
8 4 0 1 8 3 0 8 3 8 4 0 0 8 6
0 3 5 2 0 7 0 0 4 4 5 0 5 9 0
4 9 9 7 0 7 8 4 8 1 1 8 3 3 7
5 7 5 5 9 5 3 7 8 6 6 8 2 3 8
3 2 1 9 2 8 8 4 7 0 1 9 3 4 2
4 0 6 8 8 4 6 8 7 7 3 8 6 9 6
8 2 3 3 6 5 2 3 4 0 7 2 0 5 7
6 1 7 1 0 5 6 1 9 0 3 0 8 1 0
5 3 9 9 4 4 3 0 3 6 3 9 8 8 1
2 9 5 6 9 3 4 7 5 5 6 4 7 6 8
2 5 0 6 0 7 9 5 1 3 2 3 0 4 7
0 0 5 3 5 1 0 3 8 7 2 5 1 0 5
9 2 7 1 4 0 6 4 8 2 3 0 4 0 1
6 0 5 3 0 2 1 6 7 4 7 6 9 9 5
8 5 1 2 3 5 5 8 7 1 8 2 7 2 9
```

NUMBER PUZZLE #260

```
2 9 7 0 6 6 7 9 8 0 7 3 4 4 8
3 3 2 4 2 8 2 2 2 9 4 9 7 5 3
9 1 3 3 0 6 6 6 0 7 0 9 9 2 3
0 2 0 5 7 6 0 1 8 6 7 4 9 9 3
8 8 9 6 7 8 0 1 7 9 0 8 8 6 5
9 5 9 2 6 2 4 5 8 0 8 9 8 0 3
0 2 0 9 1 6 0 0 6 9 2 3 7 4 8
8 6 0 6 1 7 4 1 1 3 4 9 1 1 9
7 9 2 1 2 4 4 5 9 1 5 8 4 1 1
6 7 7 9 5 3 3 9 9 1 5 1 1 1 5
5 9 0 3 6 8 4 6 4 2 1 8 4 9 2
1 1 7 8 7 1 7 8 0 6 5 9 0 7 9
2 7 5 6 7 7 7 4 1 0 3 3 3 1 3
9 2 2 0 1 8 7 4 9 5 7 5 9 2 8
8 0 2 0 2 5 6 4 6 1 7 5 1 9 1
```

8762
39941
980445
6679807
56296193
564617519
3306660709
33353891529
220187495759
4529604111971
893981893
3908908765
42822294975
931285269791
8594006143685

NUMBER PUZZLE #261

8986
38521
939441
5573223
55646680
476683959
6199139029
40251361320
501791889465
7463432537363
439308022
9846578221
44591893904
883487838893
4144231734888

```
7 0 6 3 4 9 0 1 6 6 5 9 7 9 1
4 2 1 9 1 3 5 0 9 3 5 4 4 8 9
4 5 9 3 4 0 8 6 8 7 6 3 0 5 8
5 5 9 9 4 6 2 5 3 3 4 9 2 0 4
9 7 1 4 2 4 2 7 4 5 6 1 5 1 6
1 3 3 4 3 1 7 3 3 5 6 5 1 7 5
8 2 9 1 1 9 2 5 0 0 8 3 3 9 7
9 2 0 8 7 5 3 5 0 0 0 8 6 1 8
3 3 2 3 3 4 4 0 3 8 1 8 1 8 2
9 5 9 7 4 8 7 6 8 1 1 7 3 8 2
0 6 3 7 8 8 9 8 6 0 3 0 2 9 1
4 6 2 0 8 8 7 1 1 8 2 7 0 4 5
3 2 7 1 8 0 6 5 8 9 3 2 3 6 8
5 8 8 3 4 8 7 8 3 8 8 9 3 5 6
7 7 7 8 9 4 7 6 6 8 3 9 5 9 5
```

NUMBER PUZZLE #262

```
3 4 5 1 0 8 3 9 0 8 9 3 9 0 9      9858
2 1 0 8 1 6 6 5 5 0 6 8 9 2 8      31259
4 5 2 6 5 9 8 6 0 4 6 0 3 9 6      963189
0 7 0 5 6 8 1 6 0 1 3 6 6 2 0      5845633
9 5 2 4 9 8 6 6 6 1 9 2 5 5 6      66255605
1 0 4 2 8 2 4 4 3 2 6 6 5 3 0      409148105
4 4 4 2 5 5 5 7 0 9 9 1 7 9 2      6655068928
8 9 6 5 4 8 7 9 6 8 2 1 2 4 0      54246446345
1 5 6 1 4 6 4 1 8 6 2 8 2 0 3      406684766831
0 0 1 5 4 9 4 5 5 5 8 9 7 9 6      6256988515807
5 9 6 9 9 9 1 4 3 0 8 3 1 1 0      539409133
3 3 4 8 1 5 6 5 6 5 3 8 1 3 4      6920949982
3 0 2 4 8 0 7 9 8 3 5 3 1 3 4      59860460396
4 9 5 0 6 0 4 5 2 3 4 1 2 1 1      510839089390
0 2 7 3 9 6 3 1 8 9 2 5 5 3 3      5048571503323
```

NUMBER PUZZLE #263

7792
23997
986937
6118043
76864530
341612251
7110998827
68241531370
311577644197
5050544494251
639510244
3995321743
75129026888
138190339887
5952911271758

```
8 5 9 5 2 9 1 1 2 7 1 7 5 8 0
0 6 8 6 3 9 5 1 0 2 4 4 4 8 3
9 8 6 9 4 7 5 2 2 3 9 9 7 1 7
1 2 7 8 4 2 0 0 7 3 9 7 1 2 6
3 4 7 6 7 1 5 4 7 9 3 5 5 8 8
8 1 5 9 6 6 0 9 9 3 7 1 9 5 6
1 5 1 3 4 5 5 7 7 8 0 5 6 4
9 3 2 7 6 3 4 1 6 1 2 2 5 1 5
0 1 9 8 6 8 4 4 6 1 7 6 1 3 3
3 3 0 0 9 3 4 7 0 7 1 7 0 3 0
3 7 2 1 7 1 9 6 3 7 7 8 0 0 2
9 0 6 5 9 8 4 9 2 0 1 9 0 7 9
8 9 8 7 8 6 2 5 4 9 8 0 2 4 1
8 6 8 3 9 9 5 3 2 1 7 4 3 1 3
7 2 8 7 7 1 1 0 9 9 8 8 2 7 7
```

NUMBER PUZZLE #264

```
5 3 2 3 4 4 5 8 4 0 9 6 1 6 9
6 4 8 2 2 3 6 6 1 6 3 9 5 4 0
8 8 8 4 2 2 3 8 7 5 7 4 2 6 3
7 1 5 3 4 0 7 2 4 5 6 1 8 3 9
4 3 3 7 6 1 5 4 6 7 6 2 1 9 7
7 6 3 2 2 7 0 6 0 4 1 0 6 0 5
3 4 2 3 2 5 9 0 7 7 6 0 8 4 9
4 5 9 6 0 2 1 0 4 9 6 1 7 5 3
5 4 9 2 8 6 5 0 6 7 0 3 1 3 3
5 5 8 7 6 2 8 9 4 7 2 2 9 7 8
8 8 2 4 1 4 3 4 2 0 8 6 8 7 0
6 6 3 5 1 5 6 2 6 8 1 1 9 2 0
8 6 6 4 0 8 9 2 8 8 9 9 9 5 8
3 3 3 4 2 9 2 2 3 8 2 1 3 3 9
7 3 9 6 1 1 3 5 5 3 4 6 9 7 1
```

5726
29982
892889
6390453
87473455
274076397
7566928726
82236616395
216470521563
3844100472695
739611355
1069693504
90397593380
234458409616
6857251040193

NUMBER PUZZLE #265

3660
35967
798841
6662863
98082380
206540543
8022858625
96231701420
121363398929
2637656451139
3068
53922
516697
7480093
55593740

```
2 0 5 6 3 8 6 3 0 2 9 2 8 7 6
8 6 8 7 6 2 5 5 8 7 4 5 2 3 3
8 6 3 2 9 0 8 7 0 8 1 6 7 4 2
1 0 6 7 9 6 2 3 1 7 0 1 4 2 0
2 7 2 6 6 5 5 5 9 3 7 4 0 4 6
1 4 3 2 2 5 6 8 5 5 3 1 3 0 5
3 8 6 9 8 8 6 7 0 1 6 5 3 6 4
6 0 6 5 8 5 6 4 0 3 9 1 2 0 0
3 0 0 3 5 0 8 3 5 6 2 3 7 9 5
3 9 0 9 3 5 8 6 7 1 5 2 4 7 4
9 3 0 2 0 3 1 2 2 5 1 0 2 1 3
8 9 8 2 6 6 1 6 3 5 4 3 0 2 1
9 0 4 8 8 9 5 7 6 8 0 0 9 5 2
2 9 3 6 8 7 8 3 2 9 0 3 0 2 3
9 6 8 6 7 9 8 8 4 1 7 9 8 4 5
```

NUMBER PUZZLE #266

```
9 1 5 7 6 9 3 5 2 7 3 0 8 3 8
6 6 4 2 3 8 4 7 8 7 8 8 5 2 4
0 0 9 3 3 9 0 8 9 4 3 4 7 4 2
5 6 3 8 1 3 2 1 7 0 4 7 9 3 9
5 9 9 2 1 2 6 8 5 0 4 3 9 8 3
9 2 0 8 8 1 7 9 4 2 2 3 7 2
8 9 6 5 9 3 1 2 0 1 4 4 2 9 3
3 5 4 9 4 9 4 3 4 4 0 4 1 3 3
2 6 8 9 5 1 1 1 9 2 8 0 9 5 2
0 7 3 0 0 9 9 9 5 0 9 2 8 1 7
4 2 2 3 8 5 5 5 6 9 0 5 9 4 4
5 8 2 6 9 0 2 2 4 6 4 4 8 3 1
0 9 7 4 2 0 8 1 9 5 5 5 6 3 2
3 0 2 5 0 3 6 1 9 3 9 2 1 8 1
3 2 3 9 8 9 1 9 6 6 6 4 5 3 6 9
```

1594
41952
704793
6935273
83919500
139004689
8478788524
73928910084
311894508920
1431212429583
339206911
9390648322
29323327412
692956728902
3239891966453

NUMBER PUZZLE #267

2331
47937
610745
7207683
69756620
239105800
8934718423
51626118748
502425618911
2335552198018
3805
59907
422649
7752503
41430860

```
5 4 7 2 0 7 6 8 3 7 0 0 1 1 6
0 8 9 3 4 7 1 8 4 2 3 1 6 7 5
2 0 6 8 7 0 2 9 2 5 5 4 3 6 3
4 3 5 9 7 6 1 0 7 4 5 1 8 2 3
2 1 6 2 7 6 8 9 3 3 6 0 4 5 4
5 1 2 3 3 5 5 5 2 1 9 8 0 1 8
6 2 8 6 8 6 6 0 7 0 8 7 2 6 8
1 5 5 3 7 5 3 6 2 9 5 8 6 2 8
8 4 3 8 7 0 4 7 2 5 4 7 4 6 9
9 0 6 0 5 5 2 9 5 0 2 0 8 1 2
1 6 0 5 2 9 9 3 8 1 2 9 4 1 4
1 2 8 0 5 3 1 9 3 6 6 4 7 8 7
2 3 9 1 0 5 8 0 0 1 4 5 9 7 9
1 6 8 2 3 2 7 1 5 7 9 4 0 4 3
1 9 5 3 1 4 1 4 3 0 8 6 0 8 7
```

NUMBER PUZZLE #268

```
6 4 7 2 9 3 2 3 3 2 7 4 1 2 5
8 5 8 0 0 4 8 3 4 1 6 4 3 3 8
7 4 8 6 2 5 0 3 3 2 5 2 9 4 6
8 8 8 3 1 0 9 3 3 5 3 2 1 5 9
3 4 8 6 9 3 5 4 6 9 2 4 2 5 2
3 3 6 3 0 8 2 3 8 9 4 6 9 5 9
5 9 9 8 4 9 4 9 6 2 5 3 1 9 5
7 8 0 2 7 8 1 6 3 0 9 6 8 3 6
0 2 7 3 0 9 7 1 5 0 7 1 8 7 7
2 1 0 4 6 6 7 8 6 7 9 6 0 4 2
9 5 7 6 8 3 9 4 3 4 8 5 6 0 8
7 6 4 8 4 0 8 1 7 8 9 2 1 3 9
1 5 4 8 8 3 0 8 1 5 8 5 2 6 0
3 7 8 7 2 1 2 9 5 0 6 9 1 1 2
9 8 0 2 6 8 7 3 3 4 0 8 3 6 9
```

3068
53922
516697
7480093
55593740
339206911
9390648322
29323327412
692956728902
3239891966453
439308022
9846578221
7020536076
883487838893
4144231734888

SOLUTION

TO

PUZZLES

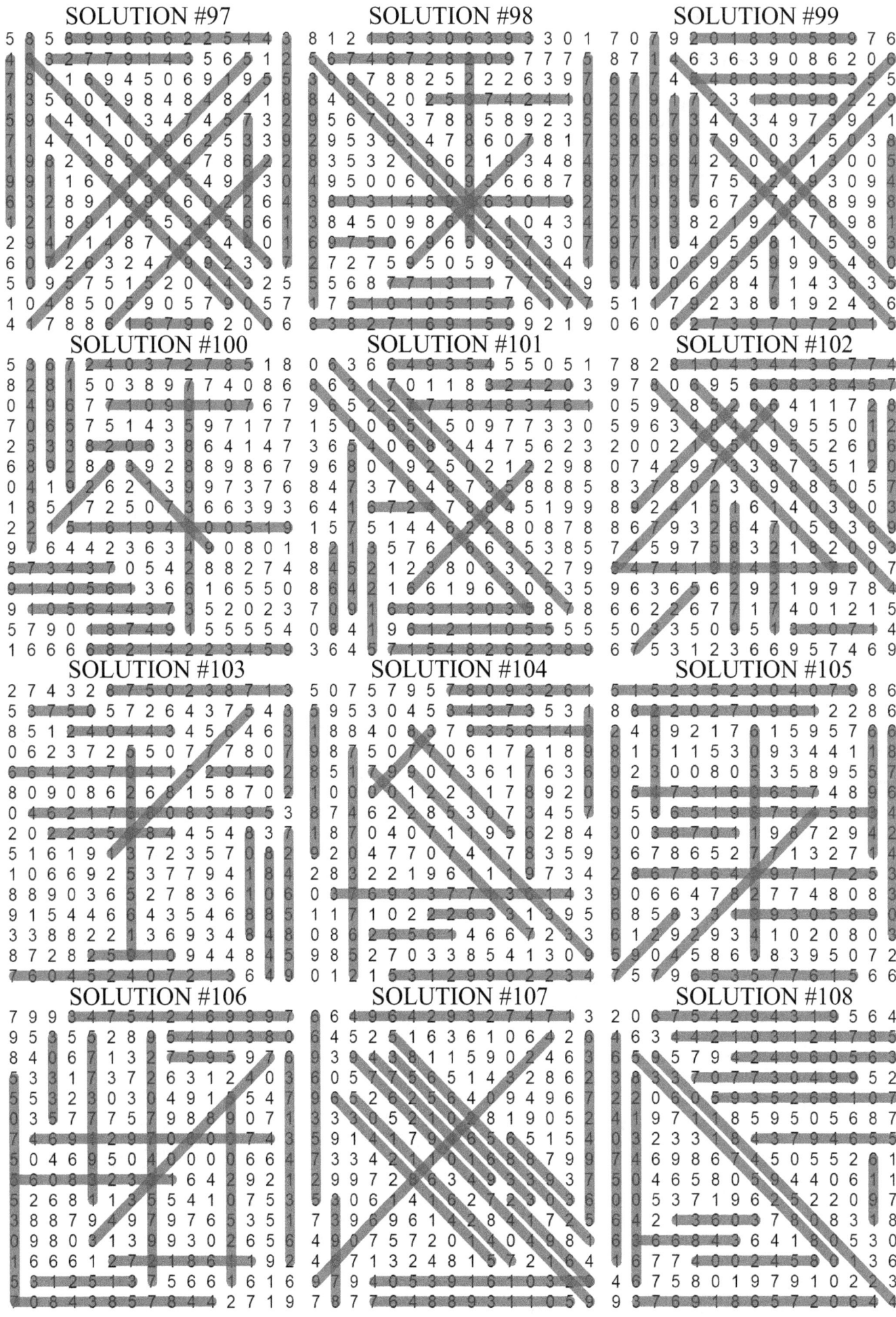

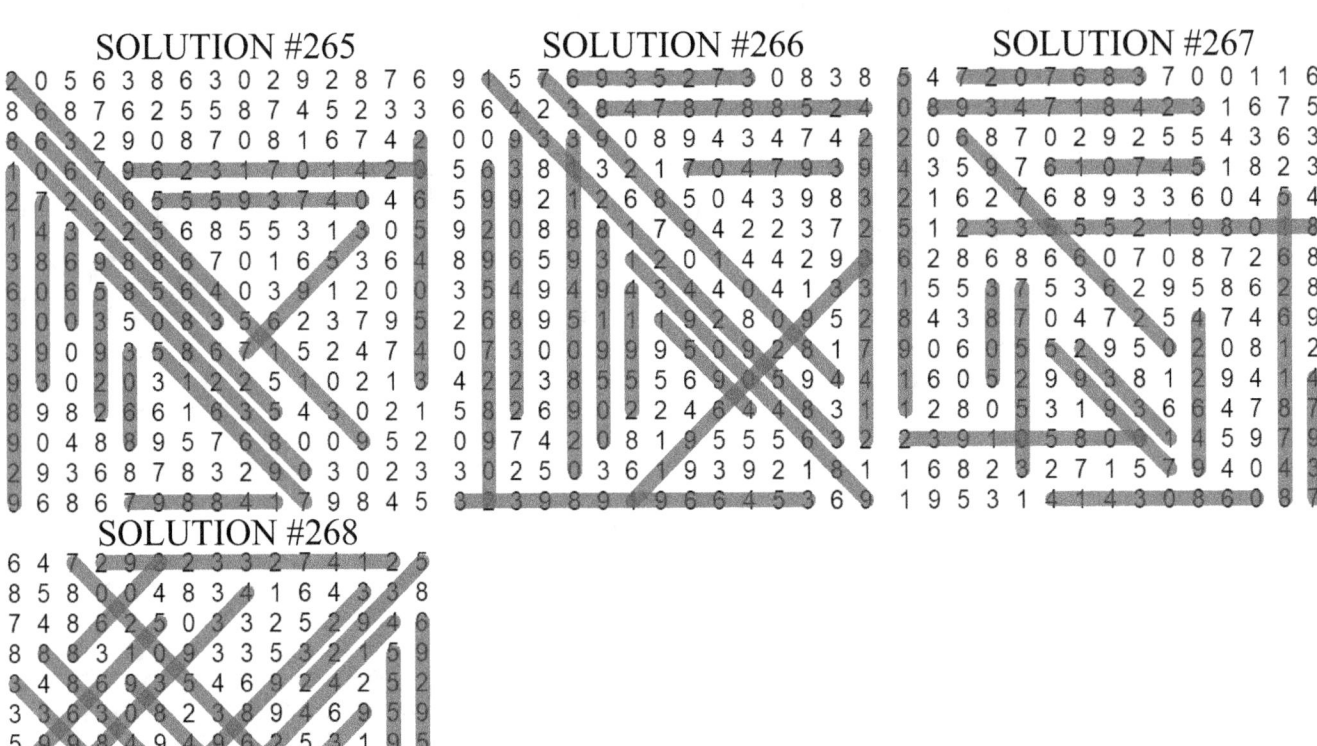

SOLUTION #265

SOLUTION #266

SOLUTION #267

SOLUTION #268

THE
END

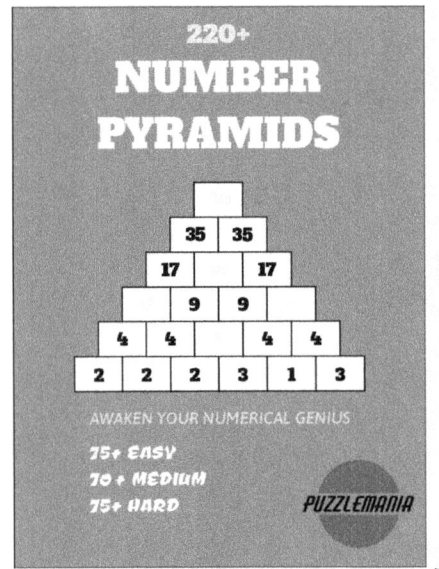

This is a more easier version of our number pyramids with different variants of difficulties.

This number pyramid features over 200 puzzles with different levels of difficulties. You can go from easy to hard and improve several of your cognitive skills in no time.

Values to gain from this book improves improving your numerical skills, spatial reasoning, visual perception and attention span.

This version of number pyramid has a of genius and is more challenging as it ves timed test. Different levels of difficutli- e set with time limits.

Challenge yourself to finish the puzzles at ppropriate time specified.

This will help in boosting your reasoning , numerical accuracy and your overall itive performance.

Looking for a fun and engaging way to keep your brain sharp and healthy? Do you enjoy solving puzzles that test your logic, memory, and creativity? If so, you will love this puzzle and activity book.

This book features nine different puzzles, such as sudoku, word search, number search, number pyramid, and more. Different level of difficulty, from easy to hard, so you can choose the one that suits your mood and skill.

This sudoku puzzle book is so much fun and relaxing. It features hundred easy sudoku puzzles with funny quotes and relaxing jokes to ease off tension.

A good way to provide yourself with a good level of laughter, fun and improve your mental health.

Mental escape from the worries of everyday life. Enjoy this stress and anxiety free activity with friends and loved ones.

If you had a good time solving the number pyramid puzzles, please due endeavor to leave a review and share this to your friends and pals.

While you're at it, you might as well check out our other books.

THANK YOU!!!